DISTILLATION AGRICOLE

DE

LA BETTERAVE

SES PROGRÈS DE 1854 A 1862;

SES CONDITIONS ACTUELLES;

LES AVANTAGES QU'EN RETIRE L'AGRICULTURE;

SON AVENIR.

PRIX 75 cs

PARIS,

IMPRIMERIE ET LIBRAIRIE D'AGRICULTURE ET D'HORTICULTURE

DE Mme Ve BOUCHARD-HUZARD,

RUE DE L'ÉPERON, 5.

—

1862

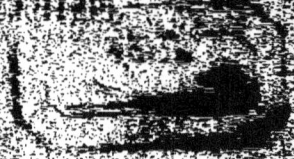

DISTILLATION AGRICOLE

DE LA BETTERAVE.

26245

DISTILLATION AGRICOLE

DE

LA BETTERAVE

SON ORIGINE,

SON ÉTAT PRÉSENT

ET SON AVENIR.

PARIS,

IMPRIMERIE ET LIBRAIRIE D'AGRICULTURE ET D'HORTICULTURE

DE Mᵐᵉ Vᵉ BOUCHARD-HUZARD,

RUE DE L'ÉPERON, 5.

—

1862

DISTILLATION AGRICOLE
DE LA BETTERAVE,
SON ORIGINE,
SON ÉTAT PRÉSENT ET SON AVENIR.

La distillation de la betterave, telle que la pratique M. Champonnois, remonte à l'année 1853 : ses premières applications appelèrent l'attention de la Société impériale d'agriculture, qui espéra y trouver la solution d'un problème depuis longtemps posé, à savoir : l'introduction, dans la ferme, d'une industrie simple et facile, *favorisant énergiquement la production économique du blé, du bétail et des engrais, par la culture et le traitement des racines sucrées, notamment de la betterave.*

Une commission choisie dans cette Société lui présentait, le 8 mars 1854, par l'organe de M. Payen, son secrétaire perpétuel, un rapport où l'on remarque les passages suivants :

« M. Champonnois s'est proposé de rendre facile- « ment applicable aux besoins des grandes et petites « exploitations agricoles la distillation des betteraves.

« Les moyens qu'il a mis en usage pour atteindre « ce but reposent principalement sur deux idées « heureuses : 1° extraire de la betterave, découpée « en menue cossette, le jus sucré qu'elle contient, en

« le déplaçant par macération et endosmose, à l'aide
« de la vinasse d'une opération précédente, afin de
« rendre à la cossette les principes immédiats, orga-
« niques et inorganiques, non enlevés par la fermen-
« tation et la distillation, c'est-à-dire *toutes les sub-*
« *stances autres que le sucre ;* 2° assurer la marche
« régulière de la fermentation, sans consommation
« habituelle de levûre, en faisant agir, d'une façon
« continue, une grande masse de levain, formée du
« liquide vineux lui-même, sur de faibles quantités
« de jus sucré, s'écoulant en mince filet dans les
« cuves pendant plusieurs heures.

« Vos commissaires ont vérifié le succès remar-
« quable de ces dispositions nouvelles et apprécié
« leurs utiles conséquences pour la production de
« l'alcool, etc., etc. »

Après un exposé détaillé des opérations, le rapport
continue en ces termes :

« On peut comprendre l'avantage de tels résultats,
« en considérant qu'aujourd'hui, dans un assez grand
« nombre de fermes, *on dépense presque autant* pour
« râper ou faire cuire les betteraves, les mélanger
« avec des fourrages hachés, et laisser fermenter ces
« mélanges pendant plusieurs jours, afin de rendre
« les fourrages secs plus profitables à la nutrition des
« animaux, qu'*il en coûterait pour les distiller.* La
« différence, dans ce cas, *est qu'on laisse perdre*
« *l'alcool, tandis que M. Champonnois le recueille*
« *avec profit.*

« Nous avons, d'ailleurs, été témoins de l'avidité

« avec laquelle les animaux mangent la cossette mêlée
« de fourrages, etc., etc.

« Vos commissaires pensent que le procédé de
« M. Champonnois offre d'excellentes conditions pour
« introduire la distillation des betteraves dans les
« exploitations rurales, en réservant le résidu pour
« la nourriture des bestiaux. L'intérêt qui s'attache
« naturellement aux moyens nouveaux d'accroître
« les travaux intelligents et les profits dans les fermes,
« en y annexant des industries bien appropriées;
« l'opportunité même de cette innovation remar-
« quable, dans les circonstances fâcheuses où se trou-
« vent, depuis quelques années, nos cultures de
« pommes de terre et nos vignobles, nous engagent
« à vous proposer de donner votre approbation à
« l'intéressante communication de M. Champonnois,
« et de renvoyer ce rapport à la commission des prix
« et récompenses pour les améliorations agricoles.

   « Signé PAYEN, *rapporteur*. »

A la suite de ce rapport, la Société, dans sa séance
du 23 juillet 1854, a décerné à M. Champonnois sa
médaille d'or, et aux trois premières distilleries montées, des médailles d'argent.

ANNÉE 1855.

L'année suivante, une nouvelle commission, composée de MM. Yvart, Boussingault, Payen, Pommier,

Baudement, Delafond et Dailly, fut chargée de suivre les progrès de cette nouvelle industrie, et un rapport de M. Dailly, présenté dans la séance du 2 mai 1855, rend compte des travaux de 16 distilleries, y compris la sienne.

Voici quelques-unes des considérations générales de ce rapport :

« La production, à bon marché, des céréales et de
« la viande a toujours été considérée comme étant le
« but principal de l'agriculture, et les encourage-
« ments de la Société n'ont jamais manqué à toutes
« les améliorations agricoles qui lui ont paru être de
« nature à faire arriver en France un pareil résultat...
« La culture de la betterave est l'un des meilleurs
« moyens ; elle nécessite des labours profonds, qui
« augmentent la masse du sol, et des nettoyages, qui
« l'ameublissent et le rendent propre à toute espèce
« de production..... Mais cette culture est coûteuse,
« et l'on ne peut espérer une production économique
« de la viande, *si les animaux doivent supporter en*
« *entier le prix coûtant de la betterave* : heureuse-
« ment, elle contient du sucre qui a une grande va-
« leur en argent, soit comme sucre cristallisé, soit
« comme alcool..... Mais la fabrication du sucre ne
« peut se généraliser dans les exploitations rurales ;
« elle doit, pour être lucrative, être exercée sur une
« grande échelle, avec une installation très-coûteuse ;
« *il n'en est pas de même de la distillerie*, qui peut
« toujours se proportionner à l'importance du do-
« maine, qui est d'une conduite facile et n'exige

« que des avances relativement peu considérables.

« M. Champonnois s'est attaché, pour introduire la
« distillation dans la ferme, à trouver les moyens :

« 1° D'avoir un outillage simple, relativement peu
« coûteux ;

« 2° De conserver la plus grande partie de la bette-
« rave pour la nourriture du bétail, point essentiel
« pour le cultivateur;

« 3° De traiter la betterave par un mode facile et
« peu dispendieux, procurant une bonne extraction
« de l'alcool. »

Suit la description de ces moyens et de la visite des
16 établissements, y compris celui créé par M. Dailly,
lui-même, dans sa ferme de Trappes, et dont il n'a,
dit-il, qu'à se louer ; et enfin, la conclusion : « Votre
« commission pense, Messieurs et chers confrères,
« qu'il résulte des renseignements qu'elle a recueillis
« que le procédé de M. Champonnois, sanctionné
« maintenant par deux années d'expériences,

« Est d'une application peu coûteuse;

« Que la fabrication à laquelle il donne lieu est des
« plus simples;

« Qu'il assure un bon épuisement de l'alcool, en
« donnant des pulpes très-favorables à l'alimentation
« du bétail;

« Qu'il peut, avec grand avantage, être appliqué
« dans les exploitations rurales.

« Des esprits éminents se sont souvent préoccupés
« des moyens d'arriver à répandre, dans nos campa-
« gnes, les idées d'industrie, pensant qu'elles de-

« vaient développer chez nos ouvriers des champs le
« goût de la science, et leur faire comprendre les
« avantages des machines; qu'elles pouvaient les
« amener à améliorer leurs méthodes de culture, et
« à perfectionner eux-mêmes les outils qu'ils sont
« habitués à manier; qu'ainsi il y avait là une
« source de progrès pour l'agriculture.

« L'application du procédé de M. Champonnois paraît
« à votre commission pouvoir être regardée comme
« un des moyens d'arriver à réaliser cette alliance in-
« time de la science, de l'agriculture et de l'industrie
« depuis si longtemps désirée; elle la considère
« comme méritant, principalement sous ce point de
« vue, tous vos encouragements. »

Au rapport de M. Dailly, fait suite une note de
M. Delafond, professeur à l'école vétérinaire d'Alfort,
membre de la commission, traitant la question hygié-
nique. M. Delafond constate l'état de santé très-satisfaisant des animaux nourris à la pulpe de macération
à la vinasse, dans les usines visitées; il énonce et dis-
cute les raisons scientifiques qui concordent avec ce
résultat, et ses conclusions sont :

« Que les mélanges de fourrages et substances sè-
« ches, faits avec la pulpe Champonnois, lui parais-
« sent devoir être préférés à la betterave, aux navets,
« aux carottes, aux pommes de terre, donnés crus et
« non fermentés aux bestiaux; et enfin qu'en ayant
« soin de consulter l'état de santé du bétail avant de
« le mettre au régime de la pulpe, et de lui associer
« une proportion convenable d'aliments secs, suivant

« l'âge, l'espèce et l'état de maigreur ou d'embon-
« point des animaux, on est assuré de les conserver
« en bonne santé et de les engraisser avec facilité et
« économie. »

Conformément aux conclusions de ce rapport, la
Société décernait, dans sa séance du 29 août 1855, sa
grande médaille d'or à M. Champonnois, et quinze
autres médailles d'or aux propriétaires des distilleries
visitées.

Dans la même séance, le secrétaire perpétuel, présentant à la Société le tableau général de ses travaux
pendant l'exercice 1854-1855, donnait, à la distillerie
agricole, une place honorable dans des lignes dont,
pour ne pas nous répéter, nous extrairons seulement
le passage suivant :

« Plusieurs circonstances paraissent de nature à
« restreindre les travaux des grandes distilleries, no-
« tamment les inconvénients graves pour la salubrité
« résultant de l'écoulement de volumineux liquides,
« résidus ou vinasses, qui se putréfient dans les fossés,
« mares ou puisards. Dans plusieurs départements,
« les préfets se sont, avec raison, préoccupés de ce
« danger et des moyens d'y mettre un terme. Les con-
« cours de la Société se sont proposé le même but,
« qui, sans doute, pourra être atteint dans beaucoup
« de localités. Mais vous avez remarqué, et c'est là
« un de leurs grands avantages, que les distilleries
« dans la ferme, utilisant les vinasses, ne sont en
« aucune façon assujetties à ces inconvénients. Ces
« distilleries ne semblent, non plus, avoir à redouter

« aucune concurrence d'alcools d'autre origine, les
« prix paraissant devoir être bientôt abaissés au-
« dessous des limites permises aux distilleries exclu-
« sivement manufacturières. »

ANNÉE 1855, EXPOSITION UNIVERSELLE.

On lisait dans le *Moniteur* du 8 septembre 1855
l'opinion suivante au sujet des distilleries Champonnois, exprimée par la commission, accompagnant
S. A. I. le prince Napoléon, dans la visite de cette division de l'Exposition :

« Un modèle de distilleries de betteraves intro-
« duites dans la ferme a fourni à son S. A. I. l'oc-
« casion d'apprécier ce système, qui permet d'enri-
« chir nos exploitations agricoles, en laissant dans
« les résidus de la macération des betteraves la plus
« grande partie des matières nutritives, moins le
« sucre transformé en alcool et en acide carbonique :
« le lavage des betteraves découpées en rubans, en y
« employant la vinasse au lieu d'eau, a résolu cet
« immense problème, en même temps qu'il a sup-
« primé tous les inconvénients de l'écoulement des
« vinasses dans les mares et fossés où elles se putré-
« fiaient.

« Comme intérêt sanitaire, accroissement de la
« nourriture du bétail et production économique des
« engrais, cette méthode a une portée philanthro-

« pique immense; aussi les agriculteurs l'ont-ils
« accueillie avec un tel empressement, qu'en moins
« de deux ans plus de 100 établissements ruraux ,
« employant les appareils de macération, fermenta-
« tion et distillation qui la réalisent, représentent un
« travail quotidien d'un million de kilog. de racines,
« soit 150 millions de kilog. pendant une campagne
« de cinq mois. »

Quelque favorable que fût cette opinion des commissaires, elle pouvait à peine faire prévoir le résultat
du vote des quatre commissions réunies, qui décerna
aux procédés Champonnois la plus haute récompense
de l'Exposition : LA GRANDE MÉDAILLE D'HONNEUR.

SOCIÉTÉ D'ENCOURAGEMENT.

*Commission composée de MM. BARRAL, JOURDIER et
CLERGET, rapporteur.*

Sur le rapport de cette commission , la grande médaille de cette Société fut décernée à M. Champonnois
dans la séance solennelle du mois d'août 1856.

Nous n'extrairons de ce rapport qu'une considération agricole de premier ordre ; c'est la comparaison
entre la quantité de résidu alimentaire fournie par les
betteraves distillées suivant le système Champonnois
et celle produite par les betteraves converties en sucre,
ou distillées au moyen des râpes et presses, ainsi que

2

cela se pratique encore sur une vaste échelle dans les départements les plus producteurs de betteraves.

« On doit surtout, dit M. Clerget, se fixer sur ce « point très-important : alors que le procédé de l'ex-« traction du jus par les presses, soit pour la fabri-« cation du sucre, soit pour celle de l'alcool, ne laisse « à l'agriculteur, pour la nourriture du bétail, que « 20 % de pulpe à peu près, *et entraîne la perte de* « *tous les principes solubles* autres que le sucre, con-« tenus dans les 80 p. 100 de jus que l'on sépare et « que l'on soumet à la fermentation, la macération « par les vinasses *conserve la totalité de la pulpe et* « *lui rend ces mêmes principes.* Ainsi, avec l'extrac-« tion du jus par les presses, ces principes, non-seu-« lement ne sont pas utilisés, mais, de plus, les liquides « qui les contiennent sont souvent une cause sérieuse « d'embarras, sous le rapport de leur corruption « facile et de l'odeur fétide qui s'en dégage, lorsqu'on « se trouve obligé de les faire écouler sur la voie pu-« blique. »

ANNÉE 1856.

Troisième commission instituée par la Société impé-riale et centrale. Rapporteur, M. BAUDEMENT. *Séance du 6 août 1856.*

On lit dans ce rapport :
« Il est inutile de rappeler ici en quoi consiste la

« méthode de distillation connue sous le nom de pro-
« cédé Champonnois. Les rapports de vos deux com-
« missions précédentes ont clairement établi le but
« poursuivi par l'auteur, montré les moyens qu'il a
« imaginés pour l'atteindre, apprécié la simplicité et
« l'économie de l'installation, la facilité du travail, le
« rendement élevé en alcool, la valeur des pulpes
« appliquées à l'alimentation du bétail..... Tout serait
« dit sur ce système, si, dans une question aussi im-
« portante et qui est principalement du domaine de
« l'avenir, la sanction de l'expérience pouvait être
« superflue.

« C'est cette sanction que nous demandons aux
« renseignements que nous avons recueillis, soit en
« visitant les exploitations placées le plus à notre
« portée, soit en nous mettant en correspondance
« avec les cultivateurs-distillateurs plus éloignés, qui
« ont bien voulu répondre à notre appel. Notre en-
« quête portera ainsi sur une vingtaine d'établisse-
« ments tous dirigés par des hommes habiles, par des
« cultivateurs expérimentés. »

Il résulte des tableaux dans lesquels se résume l'enquête, et qui se trouvent pages 32 et 40 du rapport
de M. Baudement,

Que, sur seize distillateurs, le rendement moyen en
alcool a été de 4.19 pour 100;

Le rendement moyen en pulpe, de 76 pour
100;

Les frais de combustible par 1,000 kilog. de betteraves, de 1 fr. 55 c.;

Les frais de main-d'œuvre et dépenses diverses par 1,000 kilog., de 4 fr. 53 c.;

Qu'il y a unanimité sur la qualité des pulpes, leur emploi avantageux, la quantité et la qualité des engrais;

Que les expériences comparatives faites à l'école impériale d'agriculture de Grignon, sur la nourriture des vaches laitières à la pulpe ou à la betterave, on donné pour résultat :

1° Augmentation sensible de la quantité de lait par la nourriture à la pulpe;

2° Amélioration de la qualité, environ 10 pour 100 de plus de produit en beurre;

3° Augmentation du poids des vaches, plus grande par la pulpe que par la betterave;

4° Embonpoint plus satisfaisant;

Que les expériences faites à Lieusaint sur la nourriture de deux lots de moutons, l'un à la luzerne, l'autre à la pulpe, donnent aussi à cette dernière un avantage marqué.

« Ces résultats, dit en terminant le rapporteur, « comme ceux qui ont été constatés dans le rapport « de M. Payen et dans celui de M. Dailly, justifient « les espérances que vous aviez conçues sur les ser- « vices que la distillation des betteraves peut rendre « à notre agriculture.

« L'heureuse influence de cette industrie, provo- « quant la culture de la betterave où elle était jus- « qu'ici inconnue ou impossible, et améliorant l'un « par l'autre le bétail et le sol, est aujourd'hui hors

« de toute discussion. Elle ressort de tous les faits
« acquis à la suite de vos enquêtes; elle vient d'être
« mise en lumière, avec des développements nou-
« veaux dans un rapport fait à la Société centrale
« d'agriculture de Belgique (1). Ce travail, où toutes
« les questions pratiques sont bien analysées, établit
« la comparaison de la distillation des betteraves avec
« l'industrie ordinaire du pays, et montre que la
« betterave, traitée par les procédés Champonnois,
« remplaçant le seigle pour la production de l'alcool
« et des résidus, *fournit, à surface égale, près de*
« *quatre fois plus d'alcool*, et au moins *six fois plus*
« *de substances alimentaires pour le bétail*, tout en
« laissant la terre mieux préparée pour une produc-
« tion plus abondante de blé.

« Toutes ces heureuses conséquences, vous le re-
« connaîtrez cette année, comme vous l'avez fait les
« années précédentes, *sont assurées par l'emploi des*
« *procédés de M. Champonnois*; et nos conclusions
« sur la valeur de ce système ne diffèrent en rien de
« celles qui ont été prises par les commissions anté-
« rieures, elles ajoutent seulement à celles-ci la
« sanction d'une année d'expérience de plus.

« Pour vous permettre d'apprécier le développe-
« ment qu'a pris, en moins de trois années, l'appli-
« cation du système Champonnois, nous donnons,
« dans les Annexes, un état, par département, des dis-

(1) *Journal de la Société d'agriculture de Belgique*, mai
1856, pages 151-173.

« tilleries agricoles, au 1er juillet 1856. Il résulte de
« ce document qu'il existe en France 129 distilleries
« établies d'après ce procédé, pouvant travailler, par
« jour, 1,443,500 kilog. de betteraves, et en Belgi-
« que, Suisse, Espagne, etc., 15 établissements sem-
« blables pouvant traiter 135,500 kilog. par jour;
« c'est un total de 144 usines, employant, par jour,
« 1,579,000 kilog. de betteraves (1). »

Outillage simple;

Frais de fabrication réduits, se bornant, pour la
main-d'œuvre, au chargement des cuviers, à leur dé-
chargement et à la conduite de l'appareil; pour le
combustible, à la dépense la plus faible qu'exigent les
appareils les plus perfectionnés;

Installation partout facile, puisque l'eau n'est pas
nécessaire pour le travail, et que tout écoulement, au
dehors, de liquides putrescibles est supprimé;

Application possible dans toutes les situations et
pour toutes les exploitations, quelle que soit leur importance, grandes fermes isolées ou fermes de petite
culture, formées en groupes;

Conservation de la plus grande somme de matière
nutritive; maniement et transport facile des résidus;

Travail créé dans les campagnes, et y répandant
l'esprit industriel, si nécessaire au progrès de l'agriculture.

(1) Au 1er juillet 1861, le nombre de ces établissements est de
plus de 350, pouvant distiller 400 millions de kilog. de betteraves
par campagne.

« Tels sont, Messieurs, les avantages par lesquels
« le procédé de M. Champonnois se recommande à
« la pratique, et sur lesquels nous nous appuyons
« pour vous demander de continuer à l'inventeur vos
« sympathies et vos encouragements. »

SOCIÉTÉ CENTRALE D'AGRICULTURE
DE BELGIQUE.

A l'appréciation qu'on vient de lire, par la science
agricole française, nous pouvons ajouter celle des représentants de l'agriculture belge, manifestée dans de
nombreux documents, mais que résume assez complétement une discussion ne manquant pas de solen-
nité, et qui a occupé les séances des 12 mars, 9 et
26 avril et 14 mai 1860 de la Société centrale d'agriculture de Belgique. Il s'agissait de la loi, alors en
projet, qui, pour supprimer les octrois communaux de
ce pays, proposait de remplacer les 9,640,000 francs,
produit de ces octrois, par un supplément d'impôt sur
les brasseries, sucreries et distilleries belges.

La Société d'agriculture, pénétrée des conséquences fâcheuses, pour l'agriculture belge, de la loi
projetée, y a fait une opposition énergique, et la discussion sur ce sujet contient, sur la culture et la distillation de la betterave par les divers procédés connus,
des appréciations tellement intéressantes de la part
des orateurs, tous cultivateurs, distillateurs de grains

ou de betteraves, fabricants de sucre, etc., tous juges très-compétents, que nous croyons utile de les reproduire. M. Cloquet, chimiste distingué, distillateur de grains et de betteraves, a été le premier orateur entendu.

M. Cloquet : Messieurs, vous savez, sans doute, que, le 10 de ce mois, M. le ministre des finances a déposé, à la chambre des représentants, un projet de loi portant la suppression des octrois communaux.

Si nous sommes tous disposés à applaudir à la réforme projetée, je ne pense pas qu'il en soit de même quant aux mesurés proposées pour l'établir.

Ces mesures sont, en effet, trop préjudiciables aux intérêts ruraux, pour qu'il vous soit possible de les sanctionner, en votre qualité de mandataires de la Société centrale d'agriculture. Une simple citation suffira pour vous convaincre de cette vérité.

Pour combler le déficit que causera la suppression des octrois, M. le ministre propose une augmentation des droits d'accise sur la fabrication des eaux-de-vie indigènes.

Cette mesure, si elle était admise, serait la ruine des distilleries de betteraves, surtout de celles qui travaillent d'après le système Champoinnois, le plus agricole et le plus répandu dans notre pays.

Pénétrée des avantages qu'offrent les distilleries de betteraves annexées aux fermes, la Société centrale avait déjà réclamé une loi d'accise plus équitable, qui permît le développement de cette industrie; mais malheureusement le fisc n'a pas cru, jusqu'ici, pouvoir établir une distinction entre les distilleries de grains et celles de betteraves (système Champonnois). Il est cependant démontré que les rendements diffèrent de plus d'un litre par hectolitre de jus, en faveur de la distillation des grains, et, comme les jus de l'une et de l'autre sont imposés sur la même base, il en résulte que le droit d'accise est notablement plus élevé pour la betterave (1).

Cette situation va devenir des plus critiques, si le surcroît d'impôt proposé est voté par les chambres. Je pense même que le système Champonnois devrait être alors abandonné : un tel abandon serait la cause *d'une perte incalculable pour l'agriculture et le commerce*, sans profit pour le gouvernement.

L'agriculture perdrait une quantité considérable d'engrais, le système des râpes et presses ne donnant *qu'un quart en quantité de pulpe*, et d'une valeur *qui n'est pas double*, de celle provenant du système Champonnois. De là résulterait donc *une diminution*

---

(1) Pour comprendre le sujet en discussion, il faut savoir qu'en Belgique le droit d'accise sur les spiritueux se perçoit, non à raison de l'alcool produit, mais sur la quantité du jus mis en fermentation et sans avoir égard à leur richesse relative. Ce mode de perception, tout défavorable qu'il était à la distillerie agricole, avait été supporté, non sans réclamation, jusqu'à la présentation du nouveau projet de loi; mais ce projet, ayant pour effet *de doubler le droit*, augmentant dans la même proportion la surtaxe indirecte dont les produits de la distillerie agricole se trouvaient grevés, place celle-ci, à l'égard des autres fabrications de spiritueux, dans une inégalité contre laquelle la Société centrale a énergiquement protesté.

de plus de moitié dans la masse d'aliments que fournit le système Champonnois, actuellement en vigueur.

Le gouvernement est aussi intéressé que l'agriculture à la prospérité des distilleries qui rendent le plus
de nourriture pour les bestiaux ; l'abondance de ceux-
ci, toujours subordonnée à la quantité d'aliments dont
disposent l'éleveur et l'engraisseur, a pour première
conséquence : *diminution dans le prix de la viande,
augmentation des engrais et, par suite, des céréales*
servant à la nourriture de l'homme.

Le commerce trouve aussi son profit dans la prospérité des distilleries de betteraves. Les alcools qu'elles
produisent sont, pour la plupart, destinés à l'exportation, le genièvre de grain restant dans le pays pour
la consommation locale.

D'après le nouveau projet de loi, le droit restitué à
la sortie serait de 35 fr. par hectolitre d'alcool à 50°,
tandis que l'accise payée par le système Champonnois
serait de 40 fr., différence 10 fr. par hect. d'alcool
pur. Dans ces conditions, nous ne pourrions exporter,
et, pour nous, l'impossibilité d'exporter entraîne
celle de distiller. Distillateur de grains, beaucoup
plus que de betteraves, j'ai surtout ici en vue l'intérêt
général ; car, si une loi équitable, mieux en rapport
avec les conditions de la distillation par le système
Champonnois, venait encourager cette industrie, en
la plaçant sur le pied d'égalité avec les autres, l'agriculture belge continuerait à trouver en elles un
puissant auxiliaire de sa prospérité. On l'a dit souvent, la distillation des betteraves, annexée à une ex-

ploitation rurale, élève considérablement la production du sol, en augmente la fertilité et la valeur, et concourt, sous tous les rapports, à la solution du grand problème économique, *la vie à bon marché*.

Un membre demande que la réclamation proposée par M. Cloquet soit étendue aux sucreries.

M. Daumerie : Les sucreries ont, sans doute, de grands rapports avec l'agriculture, mais nous devons, je crois, accorder toute notre attention aux distilleries de betteraves comme ayant, pour l'industrie agricole, une importance bien autrement grande que les sucreries.

M. Vandenbroeck appuie cet avis.

M. de Possen. — Je ne saurais admettre l'opinion qui vient d'être émise. Je prétends qu'au moyen de sucreries on pourrait arriver au défrichement complet de toutes nos terres incultes. J'habite une contrée sablonneuse, où l'on ne peut rien obtenir sans de copieuses fumures. Je puis satisfaire à ces exigences, parce que je suis placé entre deux sucreries, où je me pourvois des aliments nécessaires pour une quantité de bétail suffisante à la production de tout l'engrais dont j'ai besoin.

D'un autre côté, j'ai lieu de croire que les pulpes de sucreries exposent les animaux à moins de maladies que les résidus de distilleries.

M. Cloquet : J'admets volontiers, avec l'honorable préopinant, que les résidus de sucreries sont très-bons pour l'alimentation des bêtes à cornes; mais je ne saurais être de son avis quand il prétend qu'ils sont préférables, pour la production, aux pulpes provenant de la distillation Champonnois. *Ayant fait usage pendant longtemps de ces deux genres de nourriture, je crois pouvoir formuler mon opinion sur leur valeur relative. Eh bien, je ne crains pas d'affirmer que les pulpes des distilleries Champonnois ont, à mes yeux, une valeur double de celle que j'attribue aux résidus de sucreries, non pas à poids égal de pulpe, mais à poids égal de la betterave employée de part et d'autre.*

Parmi les orateurs entendus à cette séance, figure M. Masséz, membre du conseil administratif. Après avoir longuement et victorieusement réfuté les arguments invoqués contre la culture de la betterave, qu'il prouve être une des plus heureuses innovations agricoles de notre époque, M. Masséz traite de la question de la distillation de cette racine, qu'il pratique, concurremment avec celle des grains; il établit la supériorité de la première sur la seconde, et arrive aux passages suivants, que nous croyons utile de citer :

« Ce que je puis affirmer, comme résultat d'expériences, c'est que le résidu de ma toute petite distillerie, quoique réduit de 25 à 30 pour 100 du poids de la betterave employée, depuis six ans que je l'ai annexée à ma ferme, m'a fourni, en tous temps, une alimentation abondante, bien préférable, sous tous les rapports, à l'emploi de la betterave et des navets crus, cuits ou fermentés directement avec mélange de fourrage. Je retrouve dans mes résidus mélangés de balles de blé, d'avoine, de siliques de colza, etc., les mêmes caractères et conditions alimentaires que me donnait précédemment la betterave, avec une différence en moins très-considérable dans le prix de la ration des animaux. Au reste, comme on l'a fort bien dit, je retire en distillant ma betterave, par l'alcool qui en provient, un prix assez élevé pour m'indemniser de mes frais de culture, en conservant pour mon bétail une nourriture abondante et saine, qu'une longue expérience m'a fait reconnaître bien préférable à la betterave et aux navets crus. Cette faveur est non-seulement applicable à tous ceux qui, comme je l'ai fait, ont adopté une industrie annexée à leurs fermes, mais elle peut encore se propager à l'infini; en voici un exemple :

« Un membre de notre Société, mon voisin, et cultivateur dans notre localité, a, sur les données renfermées dans nos Annales, essayé et reconnu l'efficacité de ce résidu dans l'alimentation de ses animaux. Dans le désir de se procurer une grande quantité de ce résidu, il me proposa, pendant la dernière campagne, de cultiver une certaine étendue de ses terres en betteraves, à condition d'obtenir toutes les pulpes qui en proviendraient et de partager avec moi par moitié les profits faits sur la vente des alcools, déduction faite des frais de fabrication et autres, impôts, etc.

« J'acceptai cette convention. Eh bien, veut-on savoir ce qui en est résulté en fin de compte? J'ai remis à M. Ponette-Hautson, ici présent, et dont j'invoque le témoignage, plus de 43,500 kilos de pulpes par hectare cultivé en betteraves, en même temps qu'une somme en argent de 555 fr. 50 c., en gardant pour moi pareille somme, soit ensemble, déduction de tous frais, impôts compris, 707 fr. par hectare, plus les résidus pour le producteur.

« Voilà le résultat de ce procédé Champonnois pour lequel j'ai soutenu tant de discussions dans les Annales de notre Société, discussions que j'ai abandonnées, persuadé que j'étais que le temps et l'expérience auraient fini par me donner gain de cause. Le premier établissement de ce système en Belgique, je suis fier de le dire, c'est moi qui l'ai créé; 11 autres membres m'ont imité depuis, et c'est à notre collègue, M. Vandenbroeck, que nous devons d'avoir pris cette initiative; n'oublions pas, en effet, Messieurs, que c'est ce dernier membre qui a été étudier en France le procédé que nous employons, et qui nous a engagés à l'appliquer à nos fermes. Nous avons donc, et moi tout le premier j'éprouve le besoin de le proclamer, le droit et le devoir de rappeler ce que nous devons à l'homme honorable qui soutient aujourd'hui nos intérêts, comme il les soutient depuis six années, c'est-à-dire avec conviction et désintéressement.

« On a encore produit, contre la culture et l'industrie des betteraves, un dernier argument; on s'est plaint de l'augmentation qui en était résultée soit dans le prix des loyers, soit dans la valeur rurale des terres.

« Ce mal, si c'en est un, ne me semble pas bien grave, et l'on me paraît commettre une erreur en le signalant; car c'est aller directement à l'encontre du progrès agricole.

« Comment appeler un mal ce qui augmente à la fois la valeur de la propriété immobilière et les revenus du Trésor, conséquemment la richesse nationale?

« Je veux bien admettre que l'on se trompe de bonne foi, mais il n'en est pas moins exact qu'il résulte du fait en question un bien-être général que l'on ne saurait contester. »

EXTRAITS

DE

L'OUVRAGE DE M. PAYEN.

La nouvelle édition du *Traité complet de la distillation* (1) par M. Payen contient sur celle de la betterave plusieurs parties très-instructives, qu'il nous paraît utile de citer ici, en recommandant, d'ailleurs, à nos lecteurs l'ouvrage entier, qui, par les savantes recherches et les ingénieuses considérations dont il est rempli, non moins que par les détails techniques et les conseils pratiques qui en forment la base, est digne de la réputation de son illustre auteur.

Page 217 et suivantes.

Questions économiques. — Conditions favorables des distilleries agricoles; comparaison entre les quantités de substances alimentaires obtenues des sucreries et des distilleries de betteraves.

..... On peut aisément proportionner la fabrication aux besoins d'une ferme de moyenne importance, ou de plusieurs fermes de plus petite étendue, groupées

(1) A Paris, librairie de Bouchard-Huzard, 5, rue de l'Éperon.

les unes auprès des autres, qui alimentent de matière
première la fabrication de l'alcool.

Lorsque cette fabrication a lieu dans une ferme ou
dans une usine centrale, et que les fermiers voisins
reprennent en retour les résidus, ceux-ci, distribués
journellement aux animaux, n'exigent la construction d'aucun magasin d'approvisionnement. Les travaux de la distillerie se prolongent sans inconvénient,
ou même avec avantage, pendant sept mois, c'est-à-
dire du 1er octobre au 1er mai, ou encore depuis
l'époque *où le vert* finit (nourriture herbacée) jusqu'à
celle où il recommence, intervalle de temps pendant
lequel la main-d'œuvre surabonde dans les campagnes.

C'est précisément par le motif que la production de
l'alcool doit, dans ce cas, être subordonnée à la consommation journalière des résidus dans la ferme, que
l'on peut considérer le produit industriel, l'alcool,
comme accessoire, et la pulpe ou produit agricole
comme le but principal. En effet, dans la vue de bien
ménager toutes les conditions économiques, on n'aug-
mentera pas la fabrication de l'alcool ni on ne la
réduira, quel que soit le prix de vente, haut ou bas, de
ce produit, et lors même que sa valeur vénale serait
réduite très au-dessous de sa valeur actuelle, par
exemple à 60 fr. les 100 litres à 90 ou 94°, le fermier
distillateur aurait encore avantage à continuer ses
opérations, tandis que le distillateur, exclusivement
manufacturier, n'aurait probablement plus de bénéfice.

Enfin, l'impôt sur le produit commercial, l'alcool, se perçoit aisément, sans embarras ni déboursé pour le cultivateur qui distille, car sa production journalière est facilement régularisée, et c'est au consommateur ou au négociant que l'administration fait payer les droits sur l'alcool vendu par le fermier, cet impôt n'étant perçu qu'à la consommation.

Une objection avait été présentée contre l'établissement des distilleries dans les exploitations rurales : on rencontrera probablement, a-t-on dit, dans la fondation de ces industries annexes, les mêmes difficultés que celles qui ont fait renoncer à l'introduction des petites sucreries dans les fermes.

A cette objection, nous avions cru pouvoir répondre qu'indépendamment des avantages spéciaux que présentent les distilleries de betteraves, comparativement avec les sucreries indigènes, elles n'exigent ni agents chimiques ni matériel aussi dispendieux, et ne peuvent occasionner des opérations aussi complexes et aussi délicates ; en effet, très-généralement, on emploie, pour extraire le sucre des betteraves, *de la chaux, du noir animal, des laveurs, râpes, presses hydrauliques, récipients et presses à écumes, chaudières à défécation, deux séries de filtres, appareils évaporatoires, réservoirs à sirops et à mélasses, cristallisoirs, étuves, machines et générateurs à vapeur, appareil à égouttage forcé, étuves, laveurs à noir, fours à sécher et à revivifier, étouffoirs, moulins et blutoirs,* outre un grand nombre de menus ustensiles, le tout disposé dans de vastes bâtiments à plu-

sieurs étages; il ne faut, au contraire, pour une distillerie nouvelle, au rez-de-chaussée, que *trois cuviers,
quatre cuves et leur récipient, un laveur, un coupe-
racine et une colonne à distiller.*

Le matériel et les opérations n'offrent rien de plus
compliqué ou de plus dispendieux que dans les distilleries de grains, de pommes de terre, de marcs de
raisins, depuis longtemps en usage dans diverses
exploitations agricoles. Étant même plus simples que
pour les distilleries de grains ou de pommes de terre,
et les opérations n'exigeant ni autant de soins ni
autant de travail, on ne saurait croire que des difficultés sérieuses ou des préjugés tenaces dussent s'opposer à l'installation et à la propagation des distilleries
de betteraves dans les fermes.

Il reste encore un doute à lever; sous le rapport de
la quantité et des qualités de la nourriture fournie aux
animaux par chacune des deux industries, *du sucre et
de l'alcool*, existe-t-il une différence notable? *En
faveur de laquelle est cette différence?* A ces questions
la réponse est facile.

Admettons que les betteraves à sucre, de qualité
moyenne, contenant, sur 100 parties, 16 de substances
sèches, soient traitées en vue d'en extraire soit du
sucre, soit de l'alcool, et cherchons quelle part res-
tera, dans l'un et l'autre cas, aux animaux des
fermes.

La pulpe provenant de 100 kilog. de betteraves
râpées et pressées, et dont on aura obtenu 84 de jus
ou son équivalent, pèsera, en moyenne, 16 kilog. Ce

résidu, en raison de la quantité d'eau versée sur la râpe, qui a déplacé, par endosmose, une partie du sucre et des autres matières solubles, retiendra, au plus, 1 kilog. de sucre et $1^k,25$ de substances étrangères nutritives; or, la pulpe n'étant livrée au bétail qu'après un séjour, dans les silos, de trois ou quatre mois en moyenne, ces quantités se sont réduites alors à $1^k,75$, au plus, de matières nutritives supposées sèches.

Les cossettes provenant de 100 kilog. de semblables betteraves, presque épuisées de sucre par les lavages à la vinasse, retiennent à peu près la totalité des autres principes alibiles azotés et non azotés, gras, salins, etc., plus un peu d'acides acétique et lactique, provenant de faibles doses de sucre altéré. La quantité totale de ces substances supposées sèches s'élève, pour 75 à 80 kilog. de ces cossettes, à 6 kilog. environ, *c'est-à-dire à trois fois autant que dans le premier cas*. (Voir le résultat des expériences de MM. Meurcin et J. Reiset.)

On voit donc que ni les sucreries d'où l'on exporte les mélasses, ni les grandes distilleries où l'on extrait le jus par le râpage, ne semblent pouvoir offrir à l'agriculture des conditions aussi favorables que les distilleries nouvelles, annexes des fermes; celles-ci permettront de réaliser toutes les améliorations que peut procurer la culture de la betterave, non-seulement en ameublissant et nettoyant le sol par des labours profonds, ésherbages, binages et arrachages propres à cette culture, façons qui préparent si bien le sol pour les blés et les prairies artificielles, mais encore en laissant *des résidus trois ou quatre fois plus riches en matières nutritives* que la pulpe pressée. Ces résidus, par leurs mélanges, facilitent la consommation et l'assimilation des fourrages, dont la propriété nutritive se trouve, dès lors, notablement augmentée. Fournissant une plus grande quantité d'aliments applicables à la production de la viande, ils rendent au sol, sous forme d'engrais, tout ce qui ne peut être assimilé par les animaux.

On parviendra à réaliser ainsi les quatre conditions corrélatives des progrès agricoles :

Accroissement de la nourriture animale ;

Augmentation des engrais ;

Développement des prairies artificielles et cultures sarclées ;

Accroissement de la puissance du sol, de la force et du bien-être des populations.

Page 243.

Distillerie agricole appliquée dans la petite culture.

Depuis quelques années, le système de M. Champonnois s'est généralisé chaque jour davantage. 300 distilleries fonctionnaient en 1860, et celles que l'on construit cette année porteront ce nombre à près de 400 en 1861. On peut dire que ce système constitue et résume, quant à présent, la distillation agricole en

France. C'est la démonstration pratique des avantages qu'y ont trouvés les cultivateurs.

D'ailleurs, l'agglomération de ces établissements dans des régions où la culture est le plus avancée, où ils se sont montés, successivement et de proche en proche, par la seule puissance de l'exemple, indique assez que la détermination des cultivateurs s'est fondée sur l'expérience elle-même (1). Ces distilleries, à quelques exceptions près, appartiennent à la grande culture, à celle qui peut cultiver 20 à 25 hectares de betteraves, même jusqu'à 60 hectares et au delà, c'est-à-dire aux exploitations qui comprennent la culture de 100 à 300 hectares et plus encore.

Faut-il en conclure que la moyenne et la petite culture ne peuvent profiter des principaux avantages résultant de la production de la betterave en vue de la distillation? Non, sans doute.

On comprend qu'un cultivateur prudent, qui ne veut faire la dépense de construction d'une usine qu'après avoir acquis la certitude d'amortir promptement le capital dépensé au moyen du bénéfice, soit arrêté par l'insuffisance de sa récolte de betteraves pour alimenter seule une distillerie et par les inconvénients qu'il peut trouver à s'approvisionner au dehors.

Voici, pour ce cas, l'exemple de ce qui se passe dans un certain nombre de localités, et tend à se pro-

_____

(1) Un certain nombre de familles en comptent deux, trois cinq et jusqu'à six parmi leurs membres.

pager, surtout dans les régions de petite culture.

Un industriel monte, à ses frais, une distillerie sur un point central, après s'être assuré, par des marchés partiels et de plusieurs années de durée, la récolte d'un nombre suffisant d'hectares de betteraves proportionné à l'importance de son usine.

Le prix à payer aux fermiers pour la betterave est déterminé d'avance par les marchés, suivant une échelle proportionnelle aux cours de l'alcool pendant la durée de la fabrication. Le point de départ étant le prix de 100 fr. à la Bourse de Paris pour l'hectolitre d'alcool, on stipule une augmentation et une diminution de 20 ou de 25 centimes par 1,000 kilog. de betteraves, selon que l'alcool monte ou baisse de 1 fr. par hectol.

Ainsi, le prix de 1,000 kilog. de betteraves étant fixé à 16 fr. quand l'alcool vaut 100 fr., et la gradation convenue étant de 20 c., la betterave sera payée 15 fr. si l'alcool vaut 95 fr., 14 fr. s'il vaut 90 fr., 13 fr. au cours de 85 fr., et 12 fr. au cours de 80 fr. Au contraire, les 1,000 kilog. de betteraves seront payés 17 fr. au cours de 105 fr. l'hectolitre d'alcool, 18 fr. au cours de 110 fr., et 20 fr. au cours de 120 fr.

La totalité de la pulpe appartient, dans tous les cas, au cultivateur, qui ne supporte, d'ailleurs, aucuns des frais de fabrication dont l'industriel reste seul chargé.

On conçoit que ces bases comportent quelques variantes suivant la position, les prix du combustible et de la main-d'œuvre, l'économie des transports et la

facilité des communications, ou diverses autres circonstances.

Ces combinaisons paraissent concilier assez bien
l'intérêt du manufacturier et celui du cultivateur, en
laissant chacun dans sa spécialité et en exemptant
les parties contractantes des inconvénients qui se
rencontrent dans les associations ordinaires.

Elles sont appliquées déjà, sur un assez grand nombre
de points, aux environs de Paris et dans les départements où la betterave est depuis longtemps cultivée.
Plusieurs de ces entreprises ont eu de remarquables
succès.

Ce mode de travail, toutefois, est moins avantageux
que celui du fermier distillant les racines de sa récolte, surtout pour le mélange des pulpes, qui s'effec-
tue chez ce dernier dans de bien meilleures conditions,
au sortir du cuvier, lorsqu'elles sont encore chaudes
et imprégnées des substances liquides; tandis que
dans l'usine commune, alimentée par des cultivateurs
étrangers, le partage et la livraison des pulpes occa-
sionnent toujours quelques retards; le mélange avec
des fourrages secs ne peut se faire qu'à froid, dans
des conditions moins avantageuses et non sans quelques déperditions, après leur retour à la ferme, où
elles seront consommées.

Les avantages remarquables des distilleries de betteraves que nous signalions dans notre édition précédente, en cherchant à présager l'avenir de cette
grande industrie agricole, se sont réalisés et en quelque sorte consolidés encore, durant la campagne qui

vient de se terminer, malgré des circonstances exceptionnelles qui avaient porté quelques esprits timides
à mal augurer de ses résultats définitifs.

En 1860, la végétation des betteraves, entravée par
les intempéries de la saison, a rendu la récolte peu
productive; les pluies de l'automne, en occasionnant
des difficultés exceptionnelles à l'arrachage et l'adhé-
rence de la terre aux racines, jusqu'à surcharger les
transports de 25 à 50 pour 100 de poids inutile, ont,
en outre, augmenté les frais de nettoyage et introduit
quelque perturbation dans les travaux des distilleries.
Cependant le cultivateur qui, distillant lui-même ses
betteraves, a fait consommer sans déplacement la
pulpe à son bétail, s'est beaucoup moins ressenti de
ces circonstances défavorables que ceux obligés de
transporter leurs racines aux sucreries et d'en rap-
porter la pulpe dans leurs fermes.

Sauf quelques embarras et des précautions inusitées,
les distilleries agricoles n'ont offert que des opérations
très-fructueuses; le rendement en alcool correspondant à la richesse saccharine plus élevée, a dépassé les
moyennes ordinaires : les produits se sont élevés généralement à 4,50 ou 5 litres d'alcool pur pour
100 kilog. de betteraves; en sorte que, malgré le peu
d'abondance de la récolte en racines, inférieure de
25 pour 100 à celle d'une bonne année, les bénéfices
nets se sont élevés au delà de toutes les prévisions.

Les cours de l'alcool se sont maintenus à un
taux très-rémunérateur, présentant, entre les prix
extrêmes de 96 fr. 90 à 104 fr. 80 c. relevés sur les

4

bulletins officiels de la Bourse de Paris, l'hect. bon
goût à 90°, une moyenne générale de 101 fr. 50 c.
pour les 9 mois, de septembre 1860 jusques et y
compris mai 1861.

La rétribution réclamée par les manufacturiers rec-
tificateurs s'élevant au plus à 16 fr. par hect. d'alcool
à obtenir des flegmes, il en résulte que le fermier
distillateur a reçu 85 fr. 50 c. par chaque hectolitre
d'alcool pur, représentant les flegmes livrés par lui.
En évaluant donc à 30,000 kilog. seulement par hectare la récolte de betteraves amoindrie cette année,
on voit que le rendement de 4,50 d'alcool pour
100 kilog. de racines représente pour chaque hectare
13 hect. 1/2 d'alcool qui, à 85 fr. 50 c. l'hectolitre,
donnent une recette totale de 1,154 fr. 25 c. et font
ressortir la betterave à 38 fr. 47 c. les 1,000 kilog.,
non compris la valeur de la pulpe. On doit donc reconnaître que, malgré la faible production de racines
à l'hectare, la campagne de 1860-61 est une des
meilleures que la distillerie agricole ait encore faites,
une des plus encourageantes pour les agriculteurs disposés à entrer dans cette voie féconde de la production la plus large du bétail et du blé.

Aux circonstances naturelles que nous avons énu-
mérées plus haut, toutes favorables au développement
des débouchés qui préparent un heureux avenir pour
les distilleries, nous pouvons ajouter qu'en ce moment,
où la campagne de fabrication de l'alcool de betteraves vient de se clore, les approvisionnements en
alcools de toutes provenances ne représentent pas,

dans les entrepôts, un dixième de la consommation annuelle. Or, les emplois ne paraissant pas devoir diminuer ni la production s'accroître beaucoup, il y a tout lieu de croire que les cours actuels se soutiendront pendant la campagne prochaine.

EXTRAIT DU BULLETIN

TRAVAUX DU COMICE AGRICOLE

DE L'ARRONDISSEMENT DE BÉTHUNE

POUR L'ANNÉE 1859.

Frappés des plaintes que nous avons souvent entendu formuler par nos cultivateurs du haut pays sur leur éloignement des fabriques et sur l'impossibilité où ils se trouvent de profiter des avantages que la culture de la betterave procure à tout le reste de l'arrondissement, nous nous sommes demandé si la distillerie agricole, telle qu'on la pratique dans les environs de Paris, ne pourrait pas remplir le but désiré, et, dans cette pensée, nous avons consulté notre membre correspondant, M. Hette, directeur de la Société agricole et sucrière de Bresles, qui, avec l'obligeance qui le caractérise, s'est empressé de nous transmettre les détails suivants, qu'on lira comme nous, sans doute, avec le plus vif intérêt.

MON CHER COLLÈGUE,

Vous me faites l'honneur de me consulter sur une question agricole de la plus haute importance, concernant un des produits essentiels de notre arrondissement, la betterave, base de tout progrès, récolte aussi intéressante sous le rapport de son débouché et du prix qu'elle rapporte au cultivateur que sous celui de son influence sur l'amélioration du sol et sur l'accroissement de nourriture pour le bétail.

Votre préoccupation pour l'intérêt des cultivateurs est donc très-fondée, et en cherchant à vous renseigner sur la distillation dans la ferme par le procédé Champonnois, dont le succès est général et le développement très-grand, excepté dans les départements sucriers, je crois que vous êtes dans la bonne voie, et qu'un grand nombre de vos localités peuvent y trouver une ressource des plus profitables.

Pour vous donner mon appréciation sur cette matière, je n'ai besoin que de consulter mon expérience propre de cinq années, et ce que j'ai vu dans beaucoup d'autres distilleries de moindre importance que j'ai visitées. Cette petite industrie de la ferme a eu, comme toutes les autres, ses difficultés au début : le travail était un peu compliqué, les appareils coûteux et les pratiques des opérations pas encore assez fixées pour qu'on pût les confier à des ouvriers agricoles. Maintenant elle est devenue familière dans tous les centres où ces établissements fonctionnent depuis plusieurs années, et l'expérience a réduit les conditions du travail à des éléments simples, accessibles à toutes les intelligences.

Cette facilité aura bien son importance à vos yeux ; mais ce qui vous intéressera le plus, ce sont les chiffres qui constatent la valeur de l'opération.

La richesse de la betterave étant très-variable, le rendement en alcool suit nécessairement ces variations; mais on peut admettre, en général, qu'avec la betterave cultivée pour les sucriers ce rendement est, en moyenne, de 4 1/2 pour 100. Il ne faut pas perdre de vue que, pour obtenir ce rendement, on emploie la betterave entière ou légèrement décolletée, comme la recevaient autrefois les fabricants de sucre. Les cultivateurs auraient tort d'agir autrement, car le collet, quoique moins riche, contient toujours du sucre dans une certaine proportion, qui profite à la distillerie; bien loin d'avoir le même inconvénient que dans la fabrication du sucre, la nourriture qui en provient est même supérieure à celle du corps de la betterave, en raison des matières salines et azotées qu'elle renferme.

Le produit de la betterave, compté pour la distillation, est donc supérieur de 1/6 à celui qui est compté pour la sucrerie. Il est vrai que les collets séparés à l'arrachage ne sont pas perdus, et que les moutons qui parcourent les champs après la récolte en profitent; mais mon observation n'en a pas moins son importance, les moutons, à cette époque de l'année, ayant souvent de la nourriture au delà de leurs besoins. L'alcool obtenu à la ferme n'est pas livrable à la consommation ; ce sont des flegmes qui se vendent à des établissements chargés de les rectifier et de les vendre au commerce. Dans cet état, c'est un article très recherché et qui se vend d'ordinaire pour toute la campagne, et payable comptant, à un rectificateur, avec une diminution de 15 à 20 francs par hectolitre sur le prix de l'alcool, coté par tous les journaux ; cet écart est proportionnel à la distance de la gare du chemin de fer, du canal ou de la distillerie voisine où l'acheteur fournit ses tonneaux et prend livraison. Les quantités en litres sont indiquées par les acquits d'expédition fournis par la régie, et le vendeur n'est obligé à aucuns soins ni déplacements.

Le second produit, plus important peut-être que le premier pour le cultivateur, c'est le résidu, la pulpe, qui est d'un emploi facile et avantageux sous plusieurs rapports : on l'obtient à raison de 70 pour 100, même 80 quand on a soin de ne rien laisser perdre de l'égouttage, à l'aide de menus fourrages, balles de battage, siliques de colza, pailles hachées, etc. Tous ces débris mélangés avec les résidus, au sortir des cuviers de macération et pendant qu'ils sont encore chauds, absorbent rapidement l'excès d'humidité des résidus ; et, en laissant cette masse ainsi mélangée déposée dans des cases spéciales, une seconde fermentation s'établit : 24 ou 30 heures après, cette nourriture est prête pour les animaux et elle exhale une odeur vineuse qui leur plaît.

Cette pulpe s'emploie donc comme celle de sucrerie : je ne les comparerai pas, l'une et l'autre, par des chiffres; mais, comme la macération donne quatre fois plus d'une même quantité de betteraves, il ne peut rester le moindre doute que la somme de nourriture ne soit énormément supérieure à celle produite par la sucrerie. Il est inutile de vous prémunir contre l'analogie qu'on pourrait lui supposer avec les résidus de la macération à l'eau. Justement repoussés, ces derniers ont perdu, par le lavage, toute qualité nutritive; tandis que la pulpe de vinasses renferme toutes les matières alimentaires de la betterave, améliorées par la cuisson, sauf le sucre.

L'expérience a démontré que cette alimentation est propre à tous les besoins de l'agriculture : engraissement, élevage, bêtes de travail, vaches à lait, bien entendu avec des soins convenables et rationnels dans les mélanges, dans la proportion des rations, partout les résultats ont été satisfaisants.

Une question non moins importante, c'est la dépense du montage de l'usine et les frais de la fabrication. Tous les systèmes peuvent donner de l'alcool, et donner tout ce que contient la betterave; mais je n'ai pas à m'occuper des autres que je connais, que j'ai pratiqués ou vu pratiquer, puisque vous demandez mon opinion sur celui que j'ai adopté et que je suis depuis cinq ans.

Une distillerie de l'importance de 7 à 8,000 kilogrammes en douze heures, ou 15 à 16,000 kilog. en vingt-quatre heures, comme j'en ai vu plusieurs montées par M. Champonnois, dans les environs de Paris, où on les compte par centaines, coûte environ

15,000 francs, sans les bâtiments, prête à marcher.

La fabrication demande trois ouvriers pour laver la betterave, la couper, charger et décharger les cuviers, surveiller la fermentation, conduire l'appareil et préparer les mélanges de pulpes et menues pailles. Avec ce personnel, la betterave leur ayant été amenée à pied d'œuvre, la nourriture est toute préparée et n'a plus qu'à être distribuée par les bergers et les vachers.

La dépense de combustible est de 25 à 30 kilog. de houille pour 1,000 kilog. de betteraves, pour la distillation seulement, avec un manége qui est mû par un cheval ou par des bœufs.

Le surplus de la dépense consiste dans les menus frais ordinaires de levûre, acide ou sel, dégras, éclairage, etc.

Encore quelques considérations qui, pour être secondaires, n'en ont pas moins leur importance.

C'est d'abord l'indépendance que cette industrie assure au cultivateur. Il est maître chez lui, n'a plus à lutter contre les difficultés de la livraison et du payement de ses betteraves, à fatiguer ses attelages pour les transports à toutes les distances, par les mauvais chemins de l'hiver, etc.

C'est ensuite la conservation, à la ferme, de ses meilleurs ouvriers, qu'autrement il est exposé à se voir enlever par l'industrie pendant le chômage forcé de la mauvaise saison, et souvent pour ne plus les revoir.

Emploi d'eau à peu près nul. Point de liquides à rejeter au dehors, ce qui est, dans les autres systèmes, une source de difficultés avec le voisinage et les autorités.

Recevez, je vous prie, cher collègue, mes saluts les plus affectueux.

HETTE F.

COMPTES DE FABRICATION
ET RENDEMENTS.

On a vu plus haut, page 15, le compte fait par la commission de la Société impériale d'agriculture, en 1856, des rendements en alcool obtenus dans seize usines.

Voici quelques comptes, non compris dans celui en question, et qui se réfèrent au même sujet.

Compte de fabrication chez M. DAILLY, *en* 1855.

M. Dailly a présenté en mai 1855, à la Société impériale et centrale d'agriculture, le compte des résultats de sa première campagne, portant sur la quantité minime de 484,600 kilog. de betteraves. On comprend que les frais, pour ce faible travail, ont dû être proportionnellement plus élevés que sur les quantités distillées aujourd'hui, soit dans la même usine, soit dans les fermes des environs de Paris.

Néanmoins le résultat obtenu par M. Dailly est assez remarquable pour être cité, puisqu'il donne un prix net, déduction faite de tous frais, de 37 fr. 63 c. par 1,000 kilog. de betteraves distillées.

Compte de fabrication chez M. RABOURDIN, *en* 1855.

M. Rabourdin, cultivateur à Villacoublay (Seine-et-Oise), a publié, dans le *Moniteur des Comices* du mois de février 1859, son compte de fabrication de l'année 1858, en l'accompagnant de considérations, qu'il nous paraît utile de reproduire, à raison du caractère d'autorité que leur donnent les connaissances spéciales et l'expérience de l'auteur, l'un des cultivateurs les plus distingués des environs de Paris.

« Pour bien faire connaître, dit M. Rabourdin, la « totalité des dépenses de mon usine, j'ai extrait de « ma comptabilité les déboursés faits en 24 heures, « sur 10,800 kilog. de betteraves. Chaque macéra- « teur contenant en moyenne 900 kilog. de cossettes « fraîches, cette quantité se trouve répartie en 12 ma- « cérateurs; ceux-ci sont au nombre de quatre, et le « remplissage s'opère successivement, à deux heures « d'intervalle. Ainsi les cossettes restent en macéra- « tion pendant 6 à 7 heures. Une heure environ est « nécessaire pour opérer la vidange et le remplissage « du macérateur. »

Voici les dépenses :

Contre-maître distillateur	5 fr.	»
Distillateur en second	3	»
4 ouvriers à 2 fr. 50 c.	10	»
2 ouvriers à 2 fr.	4	»
4 chevaux employés au manége	12	»
400 kilog. de charbon à 4 fr. les 100 kilog.	16	»
A reporter.	50 fr.	»

Report.	50 fr.	»
24 litres d'acide sulfurique à 35°..............	8	40
Éclairage, graissage, levûre, etc..............	3	60
Entretien du matériel, intérêt et amortissement..	32	»
Total......	94 fr.	»

Les chiffres ci-dessus représentent le travail non interrompu pendant 24 heures : les 12 heures de jour occupent un distillateur, 3 ouvriers et 2 chevaux ; le travail de nuit en emploie autant.

Voici maintenant les recettes :

10,800 kilog. de betteraves ont produit 594 litres d'alcool pur, soit 5,50 pour 100 de racines. Le prix moyen de la vente ayant été, en novembre et décembre (1858), de 45 fr. l'hectol. à 100° non rectifié, cette quantité d'alcool représente la somme de 269 fr. 67 c.

7,775 kilog. de pulpe, soit 72 pour 100, à 10 fr. les 1,000 kilog............................ 77 75

Total......	347 fr.	42 c.
Frais ci-dessus à déduire....	94	»
Il reste net.....	253 fr.	42 c.

pour le prix de 10,800 kilog. de betteraves, ou par hectare 821 fr., ma récolte de l'année 1858 n'ayant été que de 35,000 kilog. par hectare.

Mais ces chiffres ne représentent pas exactement le boni que la distillation de mes betteraves permettra de réaliser cette année. Ainsi j'ai porté le prix de vente de mes flegmes à 45 fr. 45 c. l'hectolitre, déduction faite de l'écart de la rectification. Mais déjà, en janvier, j'ai vendu, en moyenne, 50 fr. l'hectolitre, soit 4 fr. 55 c. en sus (1).

(1) Il est à regretter que M. Rabourdin n'ait pas continué à rendre publics, pendant les années suivantes, les résultats de sa

Ces bénéfices ne sont pas, d'ailleurs, les seuls avantages que présente la culture de la betterave. Il convient de prendre en considération le rendement plus considérable des céréales qui succèdent à ces racines, plus-value due entièrement à l'influence qu'elles exercent sur le sol, et aux soins d'entretien qu'elles ont reçus pendant leur croissance.

La pulpe que me fournit la distillerie sert à nourrir des moutons à l'engrais; j'y ajoute des balles de blé, des siliques et de la paille hachée de colza, dans les proportions d'un huitième en poids. Jusqu'à ce jour, mes animaux se trouvent bien de ce mélange.

Ce mode d'emploi de la paille de colza est en faveur de la distillerie de betteraves. On savait, en Allemagne, que cette paille est très-nutritive, mais on ignorait généralement, en France, qu'elle pouvait être aussi avantageusement utilisée. Les excellents résultats que j'en obtiens m'ont engagé à la faire analyser, afin de savoir si elle contient réellement, comme l'a observé Sprengel, plus de parties nutritives que la paille de froment.

J'ai donc prié le savant professeur de l'École impé-

distillation, comme il l'a fait pour 1857 et 1858. Le prix moyen des flegmes, en 1859, 1860 et 1861, a été de 80 à 85 fr. l'hectol. non rectifié, au lieu de 45 fr. portés dans le compte ci-dessus : or, le prix de ces trois années aurait augmenté de 220 à 240 fr. sa recette journalière, et porté à 45 fr. le prix des 1,000 kilog. de betteraves, et à plus de 1,500 fr. le produit de l'hectare, en supposant les mêmes rendements qu'en 1858, soit en betteraves, soit en alcool.

rialé des ponts et chaussées, M. Hervé Mangon, de
l'analyser comparativement avec des pailles provenant
de diverses variétés de blé.

Voici les résultats qu'il a obtenus :

	Paille de colza.	Paille de blé bleu.	Paille de blé blanc.
Matières organiques ou volatiles.	73,523	84,527	84,044
Cendres......................	7,100	4,150	4,850
Azote	0,627	0,573	0,504
Eau..........................	18,750	10,750	10,600
	100,000	100,000	100,000

On voit, d'après cela, que la paille de colza est plus
alimentaire que la paille de blé, puisqu'elle contient
plus de substances azotées.

M. Hervé Mangon a aussi analysé le mélange de
pulpe et de paille de colza que je donne à mes bêtes à
laine et les carottes que je fais consommer par mes
chevaux.

Voici les résultats de ces analyses :

	Carottes coupées en tranches.	Mélange de pulpe et de paille de colza.
Matières organiques ou volatiles...	10,065	11,504
Cendres........................	1,150	2,565
Azote	0,235	0,331
Eau............................	88,550	85,600
	100,000	100,000

Ces faits prouvent que le mélange de pulpe est plus
nutritif que les carottes.

Si l'on représente par 100, m'écrit M. Hervé Mangon, le foin de bonne qualité représentant 1^k,150

d'azote, il faudrait employer, pour obtenir le même résultat :

Mélange de pulpe, de fane de colza....	347	kilog.
Fane de colza........................	183	—
Paille de blé bleu...................	200	—
Paille de blé blanc.................	229	—
Carottes............................	489	—

LETTRE DE M. REISET.

La lettre suivante de M. J. Reiset, député et grand propriétaire-cultivateur de la Seine-Inférieure, a été adressée au *Journal d'agriculture pratique* (numéro du 5 mars 1861), à l'occasion d'un débat aujourd'hui épuisé et sans objet, au sujet des *Conférences agricoles* faites dans ce département par M. Morière, savant professeur de la Faculté de Caen.

Mais elle contient, sur les points les plus essentiels de la distillerie agricole pratiquée depuis quatre ans chez M. Reiset, des détails importants auxquels la science de l'auteur, chimiste habile et membre correspondant de l'Institut et de la Société impériale d'agriculture, donne une véritable autorité ; c'est ce qui nous engage à la publier.

MONSIEUR LE DIRECTEUR ET CHER COLLÈGUE,

Vous avez accueilli, dans le *Journal d'agriculture pratique*, d'importantes communications sur les distilleries agricoles.

Nous assistons, depuis plusieurs années déjà, à la lutte très-vive qui s'est engagée entre les auteurs de différents systèmes de distillation ; chacun, cherchant tout naturellement et de bonne foi à établir la supériorité de son invention, présente des faits et groupe des chiffres pour les besoins de sa cause (1). Je n'ai donc pas été très-surpris de voir diversement commenter et interpréter les résultats obtenus dans la distillerie agricole que j'ai établie sur mon exploitation en 1857, suivant le procédé de M. Champonnois. Cependant je ne puis laisser sans réfutation des assertions tout à fait erronées que M. Leplay déduit de documents que j'avais adressés à M. Morière, dans un but complétement scientifique, pour ses *Conférences agricoles* sur les distilleries de betteraves.

Cherchant à établir d'une manière générale le prix de revient d'un hectolitre d'alcool, j'estimais, dans le compte remis à M. Morière, la rectification à un prix moyen de 20 fr. par hectolitre.

M. Leplay s'empare immédiatement de ce chiffre comme d'un argument sérieux en faveur de l'excellence de son procédé, et il se croit en droit de déclarer, dans le *Journal d'agriculture pratique*, « qu'en

(1) Pour juger dans quelle mesure cette compétition est fondée, il est bon que le lecteur sache quel est, après huit ou dix années d'expériences, l'effectif de la *distillation agricole*.

350 usines du système Champonnois fonctionnent en 1861, et en tout environ 12 ou 15 *de tous les divers systèmes* présentés au public depuis une dizaine d'années comme plus ou moins agricoles.

effet il est reconnu, dans le commerce, que les flegmes obtenus par le procédé Champonnois sont de qualité inférieure à ceux obtenus par les autres procédés; c'est pour cette raison que M. Reiset, travaillant par le procédé Champonnois, fait rectifier ses flegmes à raison de 20 fr. l'hectolitre, tandis que M. Lange, à Beuzeville, et M. le comte de Malartic, à Tôtes, travaillant par mon procédé, ne payent que 16 fr. pour la rectification de leurs produits. »

Je répondrai à M. Leplay que, chaque année, j'ai traité, pour la rectification des produits de ma distillerie, *aux mêmes conditions* que M. le Cᵗᵉ de Malartic.

Nous avons signé *exactement les mêmes marchés* avec les deux honorables commerçants qui ont successivement acheté les produits de nos distilleries pour les rectifier.

M. Leplay devra donc chercher un autre moyen pour faire apprécier la plus-value commerciale des produits alcooliques obtenus par son procédé.

On a prétendu aussi que, dans les distilleries montées suivant le système Champonnois, le travail ne devait subir aucun arrêt pendant toute la durée de la campagne; c'est un fait inexact. On ne travaille chez moi ni la nuit, ni les dimanches, ni les fêtes, et cela sans aucun préjudice pour les fermentations, qui marchent généralement avec beaucoup de régularité.

Je ne prétends pas cependant au succès signalé par M. Leplay : « Dans une distillerie travaillant par son procédé depuis trois ans, on n'a *jamais vu une mauvaise fermentation.* »

C'est là, assurément, un très-beau résultat; mais, pour rendre un hommage complet à la vérité, il faudrait ajouter *que la même distillerie a été beaucoup moins heureuse pendant cette dernière campagne;* les fermentations n'ont pas toujours été faciles, *et le travail a été même complétement suspendu,* tant il est vrai que le phénomène de la fermentation présente des anomalies aussi bien pour les tranches que pour les jus de betteraves.

Enfin, pour rétablir les faits dans leur exactitude, je dois encore déclarer que c'est un des ouvriers de ma ferme qui conduit, sans aucune difficulté, l'appareil distillatoire, d'ailleurs fort simple, installé chez moi depuis quatre ans, et qui, pour bien fonctionner, n'exige, en réalité, ni l'intervention d'*un chimiste* ni celle d'*un industriel expérimenté.*

J'ai maintenant à parler des pulpes qui servent à l'alimentation du bétail.

Dans le procédé de M. Leplay, sous l'influence d'un jet de vapeur à deux atmosphères, la cuisson de la betterave est complète, et la pulpe presque réduite en bouillie.

Les partisans de ce procédé déclarent que cette pulpe, très-cuite, se garde indéfiniment et convient mieux aux animaux. Poursuivant leur comparaison, ils reprochent au système de la macération des betteraves par la vinasse de fournir un aliment moins cuit, par suite moins nutritif, et enfin d'une conservation difficile.

J'aborde tout de suite cette dernière objection,

celle *de la conservation de la pulpe*, et je dirai que, depuis un mois, je nourris 400 moutons avec des pulpes mises en silos au commencement *de la campagne dernière, c'est-à-dire en novembre et décembre* 1860. Cette bonne conservation de cinq à six mois a toujours suffi aux besoins de mon exploitation.....

J'ai analysé les pulpes obtenues par le système Champonnois dans ma distillerie. Voici la moyenne des quatre analyses faites sur différents échantillons :

100 de pulpes normales sortant des cuviers de macération ont donné :

Eau......................	88,85
Matières sèches..........	11,15
	100,00

La proportion d'azote est, en moyenne, de 0,212 pour 100 de pulpes normales. Le rendement en pulpes est de 73,35 pour 100 de betteraves travaillées.

Ce rendement moyen a été constaté en pesant un grand nombre de fois les pulpes obtenues d'un poids déterminé de betteraves mises en macération.

Ces pulpes ne donnent lieu à aucun égouttage; c'est donc une erreur de dire qu'après vingt-quatre heures de repos leur rendement en poids se trouve réduit comme celui des pulpes du système Leplay en moyenne, à 60 pour 100, et c'est encore une autre erreur de dire que, « si le rendement des pulpes macérées est plus fort, cela tient à ce que les pulpes sont plus fortement saturées d'eau. »

Toutes les analyses comparatives des pulpes s'ac-

cordent, au contraire, pour démontrer que celles obtenues par le système Leplay contiennent une proportion d'eau plus grande.

J'ai eu l'occasion d'analyser, au mois de mars 1858,
des pulpes recueillies par moi dans la distillerie de
M. le comte de Malartic, à Tôtes.

Cette pulpe, prise dans la partie supérieure de l'un
des cylindres à distiller, contenait :

Eau..............	92,07	92,12	91,91
Matières sèches.....	7,93	7,88	8,09
	100,00	100,00	100,00

Moyenne pour 100 des pulpes normales par le procédé Leplay :

Eau.....................	92,03
Matières sèches...........	7,97
	100,00

Je rappelle que les pulpes de macération sortant des
cuviers ont fourni :

Eau.....................	88,85
Matières sèches..........	11,15
	100,00

Dé son côté, M. Meurein, dans un travail publié à
Lille en février 1856, donne l'analyse des pulpes de
betteraves obtenues par les différents procédés.

Trois analyses de pulpes Champonnois de diverses
provenances ont donné en moyenne :

Eau.....................	88,6
Matières sèches...........	11,4

pour 100 de pulpes normales.

La pulpe Leplay provenant de Douvrin contenait :

Eau..................... 91,15
Matières sèches.......... 8,85

pour 100 de pulpes normales.

On peut conclure de ces analyses, dont les résultats se contrôlent, que la pulpe normale obtenue par le procédé Leplay renferme environ 3 pour 100 d'eau, en plus que les pulpes de macération sortant des cuviers (1).

En résumé, après avoir visité plusieurs établissements montés suivant le système Leplay, je n'hésiterais pas à donner encore la préférence aux distilleries agricoles de M. Champonnois, et je dois dire que la

---

(1) Il résulte des analyses faites par M. Reiset d'une part, et par M. Meurein d'autre part, que les pulpes de distilleries contenaient en moyenne :

	Champonnois.	Leplay.
Eau...	88,72	91,59
Matières sèches......	11,28	8,41
	100,00	100,00

Comme c'est la matière sèche qui joue ici le rôle principal, on remarquera que la matière sèche contenue dans la pulpe Leplay est de 25,37 pour 100 moindre que dans la pulpe Champonnois ; ce qui, sur un poids égal de l'une et de l'autre pulpe, constitue un quart de nourriture en plus en faveur de la pulpe Champonnois.

Si maintenant l'on considère que la quantité de pulpes que l'on retire par le procédé Champonnois est, suivant M. Reiset, de 73,35 pour 100 de betteraves travaillées, et que dans le système Leplay ce résidu ne dépasse pas 50 pour 100 des betteraves travaillées, on verra quelle énorme différence, pour l'entretien du bétail et pour la production de l'engrais, existe entre les deux systèmes.

qualité seule des pulpes, sans même parler de leur plus fort rendement, serait, à mes yeux, une raison déterminante.

La pulpe qui sort des cylindres distillatoires de M. Leplay a subi un lavage qui entraîne nécessairement les matières albuminoïdes solubles et les sels; l'égouttage des pulpes en bouillie vient encore augmenter cette perte de matières utiles dans l'alimentation.

Il est vrai que, dans quelques distilleries, on dirige dans les herbages ou dans les prairies les eaux de la distillation et les liquides qui proviennent de l'égouttage des pulpes.

Je crois volontiers que cet arrosement agit d'une manière très-énergique; mais il est facile de comprendre aussi que plus cet arrosement a été abondant et énergique, plus la pulpe, considérée comme aliment, a perdu en quantité et en qualité.

Mis en cause par M. Leplay, j'ai dû intervenir pour relever certains faits inexacts et faire justice de prétentions trop exagérées; mais je ne veux pas terminer ces observations sans dire que plusieurs distilleries, montées par M. Leplay dans le département de la Seine-Inférieure, y fonctionnent, depuis quelques années déjà, à la satisfaction des intéressés. D'autres exploitations, ce sont les plus nombreuses, ont donné la préférence au système de M. Champonnois.

Je tiens seulement à constater ici que l'établissement des distilleries agricoles dans nos fermes a réalisé un véritable progrès.

La culture de la betterave se développe dans nos riches contrées, le bétail augmente et devient meilleur.

Le jour où, par des procédés aussi simples, nous pourrons extraire directement le sucre de la betterave, au lieu de le détruire pour la distillation, un grand progrès sera encore réalisé. Nous nous en réjouirons encore avec vous, mon cher collègue, et nous n'oublierons pas que vous avez encouragé avec intelligence et dévouement les efforts de ceux qui travaillent à la solution de cette intéressante question.

Agréez, monsieur le Rédacteur, etc.

Jules REISET,
correspondant de l'Institut.

Paris, le 28 avril 1861.

***

Extrait de la Revue d'économie rurale du 20 décembre 1860.

Lettre de M. de Bontin de Saint-Sauveur (Yonne), du 1er décembre 1860.

Rendement des betteraves à la distillation et résultat des pulpes dans l'alimentation du bétail.

Un mot sur la récolte de betteraves de cette année, dont personne ne parle ; cependant elle vaut bien la peine qu'on s'en occupe. Depuis sept ans que je distille par le procédé Champonnois, je n'ai pas encore rencontré des betteraves d'aussi bonne qualité.

Je suis à mon quinzième jour de travail, et ma moyenne de rendement, avec 2,800 kilog. par jour, est de 150 litres à 100°, c'est-à-dire plus de 5 pour 100.

Je ne sais si, par d'autres procédés, on peut obtenir des résultats supérieurs; mais je doute qu'on le fasse avec aussi peu de frais.

Mais je ne puis vous cacher ma surprise sur ce que je lis et entends dire sur la qualité des pulpes, et leur fâcheuse influence sur la santé des animaux.

Depuis sept ans que j'ai établi une distillerie Champonnois, je me suis servi des pulpes non-seulement pour l'engraissement d'animaux de boucherie, mais aussi pour entretenir mon troupeau de brebis sédentaires, et jamais ni elles ni leurs agneaux ne s'en sont mal trouvés, tout au contraire.

C'est chose remarquable que la bonne apparence des animaux qui font alternativement usage de fourrages secs et de pulpes de betteraves.

J'ai employé ces pulpes en plus grandes doses peut-être qu'il n'eût fallu le faire, n'ayant pas assez d'animaux pour consommer toutes les miennes; et cependant je puis affirmer qu'il n'est résulté aucun inconvénient de cette surabondance, ni pour mes brebis nourrices, ni pour leurs agneaux, ni pour mes vaches laitières, dont la plupart étaient chez moi avant l'établissement de ma distillerie.

Quant aux animaux engraissés chez moi et livrés à la boucherie, ils ne sont jamais sortis sans avoir atteint un état parfait d'engraissement, et les résultats seraient un démenti bien formel à ceux qui ont allégué que, par ce mode de nourriture, on portait atteinte à

6

la santé des animaux, dont les organes le témoignaient, disait-on, par des lésions constatées chez le boucher.

Toutes les boucheries de mes environs, et particulièrement celles d'Auxerre, pourront témoigner de la fausseté de cette assertion. Ce n'est pas que je veuille dire que l'on puisse nourrir ou engraisser convenablement des animaux *avec les pulpes seules ;* mais le pourrait-on et l'essayerait-on seulement *avec les racines seules ?* Ce que je dis, c'est qu'en employant avec discernement les pulpes de la macération à la vinasse système Champonnois, et en y ajoutant d'autres aliments plus substantiels, on procure à ces animaux un bien-être incontestable; ils s'assimilent ainsi avec économie les divers aliments dont on a fait usage, ce qui n'arrive pas lorsqu'on n'a pas alterné avec cette sorte de pulpes.

C'est avec intention que je dis pulpes *macérées à la vinasse,* car les animaux font une grande différence avec celles *macérées à l'eau.*

Cette année, non-seulement les betteraves sont plus riches en sucre, mais elles produisent des pulpes supérieures en qualité, peut-être, à celles des années précédentes.

J'attribue cette supériorité de qualité aux bonnes fermentations que l'on obtient, fermentations qui, elles-mêmes, dérivent de la qualité et de la richesse des jus.

En résumé, je dois à la vérité de dire que les avantages de ma distillerie, pour l'équilibre et l'harmonie de toute ma culture, ont dépassé de beaucoup tout ce que j'en attendais.

Signé J. DE BONTIN.

Son exploitation agricole.

M. de Bontin, dont la lettre qui précède était écrite après quinze jours seulement de son travail de distillerie, a bien voulu nous communiquer les résultats de sa campagne entière, qui a duré six mois, et de plus ceux de son exploitation agricole pendant la même année. L'un et l'autre nous ont paru assez instructifs pour être mis sous les yeux des lecteurs.

M. de Bontin cultive son domaine de 104 hectares, situé dans le canton de Saint-Sauveur en Puisaye (Yonne). L'agriculture est médiocrement avancée dans ce pays; l'assolement triennal, avec partie de la jachère en prairies artificielles, y règne encore, le loyer des terres y est d'environ 70 fr. l'hectare. Le terrain est argilo-calcaire, à sous-sol perméable la couche de terre arable d'épaisseur variable, mais laissant généralement à désirer.

Sa culture est divisée en quatre soles de 13 hectares chacune :

1° Betteraves sur jachère fumée, à raison de 72 mètres cubes de fumier très-riche par hectare,

2° Blé avec trèfle,

3° Trèfle,

4° Blé ou orge :

> 52 hectares, montant des 4 soles,
> 36 hect. luzerne ou sainfoin permanents,
> 14 hect. ajoutés aux deux soles de betteraves et blé
>   sur les luzernes défrichées.

TOTAL. 102 hectares.

Lorsqu'une terre a produit 8 ans par cet assolement avec deux fumures, elle passe en luzerne et sainfoin, et la place est prise par une portion défrichée sur ces dernières.

Ainsi, fumure annuelle totale, 1,440 mètres cubes,

Et par hectare, en 8 ans, 144 mètres cubes, produisant :

> 2 récoltes de betteraves,
> 4   —   de céréales,
> 2   —   de trèfle,
> 8   —   de luzerne et sainfoin.

La dernière récolte des 20 hectares de betteraves a été de 622,800 kilog. ; sur cette quantité, un accident arrivé en silos a perdu environ............................... 90,000 kilog. par les gelées.

Il a été distillé 532,800 kilog., dont la pulpe, aidée des fourrages produits par 57 hectares fourrages et des pailles de 26 hectares céréales, a servi à l'ngraissement de

42 bœufs et vaches ayant donné un bénéfice net de 5,007 fr.
420 moutons   —   —   8,327

La ferme nourrit de plus 10 chevaux de travail, 8 vaches laitières, 3 à 400 moutons pendant l'été, tenus à l'étable, sauf environ un mois de sortie après les récoltes.

Ces divers animaux ont produit les 1,500 mètres cubes d'excellent fumier que réclame l'assolement adopté.

La distillerie, après avoir débuté par un rendement de plus de 5 pour 100, l'a vu baisser par suite de l'effet des gelées sur les betteraves; la moyenne de six mois de travail a été de 4.65 pour 100, soit 248 hect. d'alcool à 100° qui, vendus après rectification (car M. de Bontin rectifie ses produits), ont donné, en argent, une somme de 21,774 fr. 50 c., avec une dépense de

2,015 fr.	» en main-d'œuvre,
1,200	» en houille,
1,063	75 en frais divers.

4,308 fr. 75

comme on le verra dans le compte général des recettes et dépenses de l'exploitation qui est ci-après :

C'est en 1847 que M. de Bontin a pris l'exploitation de sa propriété ; elle rapportait alors 4,000 francs de fermage, plus 150 francs pour l'intérêt d'un cheptel évalué 3,000 francs.

M. de Bontin commença à étudier toutes les améliorations dont sa propriété était susceptible, il était fixé sur la culture des prairies artificielles, dont il augmentait, chaque année, la proportion dans son assolement pour accroître l'importance de son bétail tenu en stabulation permanente, quand, en 1854, son attention fut appelée par les premières publication sur les distillations agricoles.

L'économie générale de cette application industrielle à la ferme le frappa, et il vit dans cette combinaison la réalisation de son plan de culture, avec tous les avantages que devait donner, même sur les prairies artificielles, l'amélioration plus rapide du sol par les cultures sarclées, sur une grande échelle.

Il n'hésita pas dans l'appréciation du résultat comme de la praticabilité de cette industrie, et dès la même année 1854-55 une distillerie fonctionnait sur son exploitation.

Les terres du Deffand, comme toutes celles qui reçoivent une forte proportion de prairies artificielles sans jachère ou culture sarclée, ou avec trop peu de ces préparations améliorantes, n'étaient pas assez propres pour qu'on pût y risquer la semaille des betteraves en place exposées à l'envahissement des mauvaises herbes. M. de Bontin adopta le repiquage, qu'il a toujours continué, à cause de la pratique qu'en ont ses ouvriers et des bons résultats qu'il en a constamment obtenus.

Depuis sept ans qu'il dirige sa ferme avec annexion de la distillerie, il n'a cessé de se louer du parti qu'il avait pris, et voici le résultat de sa dernière campagne, très-satisfaisant, quoique affecté défavorablement par les faibles récoltes de blé et de betterave, qui ont été générales cette année (1860-61).

— 67 —

Dépenses de la ferme.

Frais de culture de 20 hect. de betteraves :

	fr. c.	fr. c.
400,000 plants......................	1,200 »	
Plantation...........................	600 »	3,600 »
Un seul binage......................	400 »	
Arrachage et transport...............	1,400 »	

Frais divers de culture :

2 charretiers, 1 berger, 1 vacher........	1,334 »	
Leur nourriture et celle des moissonneurs.	1,433 70	
Gens de journée et tâcherons...........	2,688 60	
Mémoires du charron et du maréchal....	1,338 90	
Avoine pour les chevaux...............	3,014 70	
Achat de foin et paille pour bêtes à l'engrais..................	4,775 95	20,578 53
Achat de tourteaux pour bêtes à l'engrais.	1,600 »	
Pulpe de betteraves, 435,960 kilog. à 8 fr.	3,487 68	
Plâtre pour les prairies artificielles......	405 »	
Frais généraux et dépenses diverses......	500 »	

TOTAL de la dépense.... 24,178 53

Recettes de la ferme.

Vente de blés et grains divers..........	13,423 75	
Bénéfice sur l'engraissement de 420 moutons............................	8,327 »	
Bénéfice sur l'engraissement de 42 bœufs et vaches.........................	5,007 »	37,287 30
Vente de veaux, porcs gras, etc........	564 75	
Valeur de 622,800 kil. betteraves à 16 fr.	9,964 80	

Excédant des recettes sur les dépenses, constituant le bénéfice de la culture.... **13,108 77**

Distillerie.

	fr. c.	
Dépenses. 622,800 kil. betteraves à 16 fr.	9,964 80	
Journées d'ouvriers..................	2,045 »	14,273 55
Charbon, 500 hect. à 2 fr. 40 c.......	1,200 »	
Impôts, entretien, menus frais.........	1,063 75	
Recettes. Vente d'alcool..............	21,774 50	25,262 18
Pulpes, 433,960 kilog. à 8 fr..........	3,487 68	

Excédant des recettes, bénéfice net de la distillation. | 10,988 63

Bénéfice net total de l'exploitation... | 24,097 40

Ainsi, indépendamment du produit spécial de la distillerie, qui est de 10,988 fr. 63 c., le revenu net de la ferme s'est élevé, de 4,000 francs qu'il était au début de l'exploitation, à 13,108 fr. 77 c.; et cela, dans l'année 1860, où toutes les récoltes, racines, fourrages et graines, ont été, du quart au tiers, inférieures à une année moyenne.

Ainsi se réalise successivement et régulièrement l'amélioration prévue par M. de Bontin dans les produits et la valeur de sa propriété.

Les récoltes de betteraves, qui étaient de 20 à 25,000 kilog. à l'hectare dans les premières années, sont de 31,000 kilog. dans une année défavorable ; celles des blés, qui étaient de 15 hectolitres en moyenne, sont de 25 et au-dessus ; celles des fourrages de moins de 2,000 kilog. sont montées à 4,500 et 5,000 kilog.

On voit donc qu'il est près de toucher aux proportions de récoltes qui s'obtiennent dans les cultures basées sur les plantes sarclées, comme récoltes four-

ragères et améliorantes, et qu'il ne tardera pas beaucoup à arriver aux mêmes produits, 40 à 45,000 kil.
de betteraves, et 50 à 55 hectolitres de blé, moyenne
des récoltes ordinairement obtenues dans des conditions semblables après quelques années d'application.

Extrait du Journal d'agriculture pratique du 5 novembre 1860.

Lettre de M. Ménard, d'Huppemeau (Loir-et-Cher), lauréat de la
prime d'honneur de 1859, à M. Paty-Gaillard, distillateur, relativement à l'emploi des pulpes.

Huppemeau, 4 septembre 1860.

Mon cher Paty, depuis cinq ans que j'emploie
vos pulpes de distillerie système Champonnois à l'alimentation de mes vaches, je n'ai eu qu'à m'applaudir
des résultats; je suis heureux de vous le certifier.

J'ai donné la pulpe à l'état frais, à raison de
25 kilog. par jour et par tête (500 kilog. environ
poids vif), soit aux vaches laitières, soit aux bêtes
d'engrais, mais toujours en mélange avec du tourteau
de colza, de la farine et des balles ou des pailles hachées, le tout fermenté.

Aussitôt que mes vaches étaient mises à ce régime,
qui commence vers le 15 octobre, époque où je cherche
à obtenir le maximum de lait pour alimenter ma froma-
gerie, j'ai toujours constaté, après cinq ou six jours,
une augmentation notable dans la production du lait
(100 à 150 litres d'excédant par jour avec 60 bêtes).

Votre fabrication finissait presque toujours avec
le mois de janvier. Vous savez que je m'approvision-
nais de pulpe pour en donner jusqu'à la fin d'avril.
A part l'inconvénient de voir diminuer d'environ
50 pour 100 le poids de la pulpe, je me trouvais très-
bien encore de l'emploi de ces pulpes conservées en
silos pendant plus de quatre mois.

Mes bêtes n'étaient jamais mieux portantes que
pendant l'alimentation avec le mélange fermenté de
pulpes, de tourteau, de farine et de balles, et pendant cinq ans je n'ai pas eu à constater un seul accident. Vous savez que chez moi les vaches ne sé-
journent guère plus de neuf à dix mois ; elles donnent
le lait, le veau, sont engraissées et vendues à la boucherie. Néanmoins j'ai conservé, pendant quatre ans,
des bêtes châtrées, excellentes laitières, qui se sont
toujours très-bien portées en mangeant, à l'époque
de la grande production du lait, le mélange dont la
base était la pulpe.

Si les accidents dont on a parlé doivent être attri-
bués à la pulpe, il faut que l'emploi n'en ait pas été
fait avec soin et discernement. La pulpe est vite dété-
riorée si on la laisse à l'air, et dans ce cas elle pourrait devenir malfaisante, comme tout autre aliment
gâté. Je crois aussi que, si on la donne sans mélange,
il ne faudrait pas en donner une trop grande quantité,
ni en faire l'unique nourriture des vaches. La panse
ne serait pas convenablement remplie, et la rumination
se ferait mal.

En vous souhaitant bon succès pour la translation

de votre industrie au milieu de la plaine fertile de la Beauce chartraine, je ne puis que vous exprimer le regret de ne plus pouvoir user de votre pulpe, dont notre pauvre Sologne a si grand besoin.

Tout à vous.

Signé MÉNARD.

DE LA PRODUCTION

DE L'ALCOOL EN FRANCE

SES DIFFÉRENTES SOURCES

ET LEUR IMPORTANCE RELATIVE.

Après avoir montré la distillerie agricole posée sur les bases solides de l'amélioration des terres, de l'accroissement des produits de toute nature, céréales, bétail et engrais , il reste à examiner son côté purement commercial et les sources diverses qui alimentent la consommation de ce produit.

La consommation annuelle de l'alcool, en France, qui n'était, il y a douze ou quinze ans, que de 600,000 hectol., dépasse aujourd'hui 1,000,000 d'hectolitres, et elle tend encore à s'accroître, surtout pour les usages industriels.

Cette progression est due principalement à la plus grande fixité dans les prix, depuis que la betterave, d'un produit agricole plus constant, est venue remplacer la vigne pour la plus grande partie de la production de l'alcool.

Quelles sont les sources de cet approvisionnement?

Il y en a cinq principales :

1° La distillation des vins,

2° Celle des grains et pommes de terre,

3° Celle des mélasses de sucrerie,

4° Celle des betteraves dans les annexes des fabriques de sucre par le travail des râpes et presses,

5° Enfin la distillation agricole des betteraves.

Nous négligeons la distillation des marcs de raisin, qui fournit environ 30 à 40,000 hectolitres d'alcool, mais seulement dans les années d'abondance de la vigne, et celle des cidres, moins importante encore.

Il y a lieu d'examiner l'importance de ces différentes productions d'alcool et leur prix de revient moyen, pour déterminer les proportions dans lesquelles elles peuvent concourir à l'approvisionnement général, et les limites *minima* au-dessous desquelles il ne leur serait plus possible de se soutenir, faute d'un prix suffisamment rémunérateur.

Distillation des vins.

Cette industrie a été longtemps l'unique source des spiritueux consommés en France, ou objet de son commerce avec l'étranger.

Elle comprenait deux branches distinctes :

1° La fabrication directe des eaux-de-vie, dans les Charentes et l'Armagnac ;

2° Celle des 3/6 dits de *Montpellier* employés, pour une partie, au vinage des vins et aux usages industriels, et, pour la plus grande partie, à la consomma-

7

tion intérieure, sous forme d'eaux-de-vie communes, après avoir reçu les préparations nécessaires.

La production, irrégulière comme celle de la matière première que lui fournissait la vigne, s'élevait, dans les années abondantes, à un total bien supérieur aux besoins de la consommation, pour retomber ensuite à rien ou presque rien : de là des variations dans les prix, qui descendaient jusqu'à 50 fr., pour remonter ensuite à 150 et 200 fr., variations nuisibles surtout aux emplois industriels qui , pour se multiplier, exigent une certaine régularité dans les prix.

Voici, du reste, la moyenne de ces prix pendant les six périodes décennales commençant à 1802.

		fr. c.	
De 1803 à 1812,	1re période,	122 67	l'hect. à 90° à Paris;
1813 à 1822,	2e —	166 57	—
1823 à 1832,	3e —	84 85	—
1833 à 1842,	4e —	77 07	—
1843 à 1852,	5e —	79 17	—
1853 à 1861,	6e —	135 »	l'hect. Montpellier, sauf un an non coté;
		121 »	l'hect. nord fin.

Prix moyen des 58 années, 113 75.

La fabrication des eaux-de-vie est restée florissante et en pleine possession du marché, soit pour la consommation des classes riches en France, soit surtout pour l'exportation, aucune nation étrangère n'ayant un produit égal à opposer à nos eaux-de-vie de Cognac : son importance, variant d'un tiers à moitié suivant celle des récoltes et aussi suivant les besoins du commerce, est, en moyenne, de 3 à 400,000 hectolitres, soit 150 à 200,000 hectol. d'alcool pur à 100°.

Quant à celle de l'alcool Montpellier, elle a été successivement modifiée par des circonstances connues de tout le monde, jusqu'au point d'être sans influence dans la consommation générale, car souvent cet article n'a qu'un cours purement nominal sur les principaux marchés, et, chose remarquable, elle est aujourd'hui à peu près constamment insuffisante pour les besoins des départements du midi, à raison du *vinage* des vins qu'ils expédient au dehors, en sorte que, loin de fournir aux demandes de la France entière comme l'ont fait les départements méridionaux pendant près de cinquante ans, ils sont obligés de recourir, pour les besoins de leur propre commerce, aux alcools industriels, dont il part, chaque année, de l'entrepôt de Paris et des ports du Nord, des quantités importantes, à la destination de Cette, Montpellier, Marseille, Bordeaux, etc.

Déjà et depuis environ trente années, l'expérience avait appris que l'addition d'une certaine proportion d'alcool de mélasses, grains ou betteraves à l'alcool de vin du Midi améliorait sensiblement celui-ci, et lui donnait les qualités qu'il n'acquiert naturellement qu'en vieillissant de plusieurs années, et cette pratique, connue sous le nom d'*affinage*, était devenue générale et indispensable; mais il y avait loin de l'emploi restreint qui en résultait pour les alcools industriels, à leur substitution presque complète à ceux du Midi, telle qu'elle existe aujourd'hui, par des causes que nous indiquerons très-brièvement, et qui font que, de grand producteur de spiritueux qu'il était, il est devenu le plus grand consommateur.

Il faut, en moyenne, 10 hectolitres de vin pour faire 1 hectolitre d'alcool, et le retour périodique des bas prix réduisait souvent le propriétaire du Midi à un prix net de 5 à 4 francs par hectolitre de vin distillé, ce qui était loin de le couvrir de ses frais. Tant que le défaut de chemins pour sortir des lieux de production a rendu difficile, pour ne pas dire impossible, la vente en nature de ses vins, d'ailleurs plus que médiocres, il a dû se résigner à les livrer à la chaudière. Mais de nombreuses voies de communication, soit vicinales, soit chemins de fer, ayant été créées, et, d'un autre côté, le manque fréquent des récoltes de la vigne et les progrès de l'aisance générale ayant donné aux vins du Midi, depuis une dizaine d'années, une demande et une valeur dont ils n'avaient jamais joui, les propriétaires ont compris que la distillation était devenue pour eux une pratique routinière et improductive, et qu'ils devaient s'attacher à améliorer la nature et la qualité de leurs ceps, et la fabrication de leurs vins, afin de les rendre, le plus possible, propres à la table, et surtout à l'amélioration des vins communs d'une grande partie de la France, qui, sans ce mélange, sont le plus souvent impotables. Cette nouvelle direction, suivie avec intelligence et persévérance, a eu un succès complet, et c'est par elle que, ainsi que nous l'avons dit plus haut, le Midi, de producteur d'alcool et pendant longtemps le seul producteur de la France, est devenu maintenant l'un des principaux acheteurs de cet article, fabriqué dans les départements qu'il approvisionnait jadis.

Quelles probabilités de durée offre cet état de choses, et ne peut-il survenir telles circonstances qui feraient de nouveau jaillir du Midi des quantités d'alcool qui pèseraient sur la consommation, approvisionnée d'ailleurs, et par suite sur les cours? De ce nombre seraient des récoltes de vins très-abondantes et de si mauvaise qualité que le commerce refuserait de les accepter. L'expérience de ce dernier cas a été faite en 1860. Le Bordelais et tous les autres vignobles du Centre et du Nord ont récolté les plus mauvais vins qu'on ait vus depuis longtemps, et cependant tous les départements vinicoles du Midi ont, grâce à leur température exceptionnelle, fait des vins assez bons pour être employés, à de très-hauts prix, à l'amélioration de ceux du reste de la France.

L'opinion des agronomes compétents du Midi est que le rôle de cette contrée, comme grand producteur d'alcool, est fini sans retour. Elle était émise, dans une discussion récente, par un des plus éminents, M. Cazalis; préoccupé des immenses plantations de vignes que l'emploi avantageux des vins fait faire de tous côtés sous ses yeux, il recherchait quel emploi on pourrait, dans l'avenir, proposer à cette énorme production de vins dans les années où, par une cause quelconque, la consommation viendrait à lui faire défaut; cette planche de salut, comme l'appelle M. E. Cazalis, il croyait la trouver dans l'application des excédants de récoltes, à la production d'eau-de-vie preuve de Hollande, telle qu'on la pratique dans l'Allemagne et les deux Charentes. Un autre viticulteur non

moins expérimenté, M. Th. Serre, refusait de se ranger
à cette opinion, et, après avoir démontré que ce moyen
serait impraticable et pire que de revenir à l'ancienne
fabrication d'alcool, il terminait en ces termes une
longue et lumineuse discussion :

« Lorsque le vin de bouche sera à 15 francs l'hec-
« tolitre, celui de plaine, d'après les données actuelles,
« devra descendre à 8 francs environ, vu l'inferio-
« rité de son poids alcoolique. Or, l'hectolitre trois-
« six devant baisser, dans la même proportion, à 55
« ou 60 francs, il s'ensuivrait que la distillation du
« meilleur vin de chaudière ne produirait que 3 à
« 4 francs par hectolitre. Comme un tel prix, qui a
« pu être rémunérateur autrefois, ne l'est plus depuis
« l'augmentation des frais de culture, on comprend
« qu'il n'y a pas plus d'avantage à faire de l'alcool à
« 86° que de l'eau-de-vie à 52° et que, finalement,
« la distillerie des vins, sauf peut-être dans de très-
« grands domaines, n'a pas encore sa raison d'être
« dans le Midi..... En attendant donc ce que l'ave-
« nir réserve aux viticulteurs dans le Midi, je con-
« clurai autrement que M. E. Cazalis, et je dirai :
« Vous tous qui pouvez produire des vins de table plus
« ou moins fins, mais de garde, faites-les bien, soignez-
« les et ne vous effrayez jamais d'un temps d'arrêt dans
« la vente ; la consommation, qui marche toujours,
« vous les enlèvera un jour ou l'autre. Quant à vous
« qui n'avez que ces grossiers produits baptisés
« autrefois vins de chaudière, dès que le commerce
« vous tournera le dos, arrachez, sans hésiter, vos

« vignes et cultivez, dans les terres qui les portent,
« des denrées plus en rapport avec leur nature et leur
« extrême fécondité. L'agriculture vous devra des
« pailles et des fourrages dont elle manque, et vos
« intérêts, en définitive, ne s'en trouveront pas plus
« mal. »

En résumé, le Midi ne fournit plus, depuis sept à
huit ans, que des quantités peu importantes de trois-
six, provenant, à peu près exclusivement, des vins de
qualités inférieures, qui ne valent pas, au moment de
la récolte, la dépense d'achat des fûts, ou qui, ne
pouvant se conserver, sont livrés à la chaudière à
mesure qu'ils se détériorent. Les soins de plus en plus
grands apportés dans le choix des cépages et dans la
fabrication des vins tendent à réduire de plus en plus
la quantité de vins distillés, et l'intérêt des propriétaires est la meilleure garantie pour arriver à ce résultat (1).

Quant au prix de revient de cette fabrication, toute
limitée qu'elle soit, voici quelles en sont les bases :

On s'accorde à considérer le prix de l'hectolitre de
vin à 6 francs, comme limite *minima* nécessaire pour
couvrir strictement le loyer de la terre, les déboursés
qu'occasionne la culture de la vigne, et le labeur du
vigneron.

---

(1) L'expérience paraît devoir en être faite cette année, où de
très-bons vins tendent à s'altérer, parce qu'on a négligé de rejeter
de la cuve les grappes desséchées ou grillées : ces vins, livrés à
la chaudière, rendront de 6 à 8 fr. par hectolitre, au lieu de 20 à
25 fr. qu'on les aurait vendus comme vins de table.

On a vu qu'il fallait, en moyenne, 10 hectolitres de vin pour faire 1 hectolitre de trois-six.

	fr.	c.
La matière première coûte donc......................	60	»
Les frais de fabrication et de fût sont de 12 à 15 fr.....	13	50
Le transport sur le lieu de consommation, notamment à Paris, manutention, déchets, commission, courtage, 10 à 12 fr...................................	10	50
L'hectol. de 3/6 Montpellier revient ainsi, au plus bas et sans profit pour personne, à......	84	»

Distillation des grains et des pommes de terre.

Cette industrie, qui alimente de spiritueux la plus grande partie de l'Europe, n'a pas, en France, une grande importance et ne paraît pas susceptible de s'y développer davantage dans l'avenir.

On verra plus loin à quel point elle est peu agricole et inférieure, sous ce rapport, à la distillation des racines. Au point de vue commercial, les céréales, presque toujours assez recherchées pour l'alimentation de l'homme, obtiennent, en général, en France, un prix trop élevé pour qu'il y ait grand profit à les convertir en alcool, et, alors même que le prix de vente de ce dernier produit laisse sur ce travail un bénéfice plus ou moins restreint, c'est toujours une opération d'une durée précaire, par l'instabilité dans les prix de la matière première qui la rend plutôt industrielle qu'agricole, et la soumet ainsi à des chances aléatoires assez grandes.

On distille les grains en France dans un petit nombre d'établissements industriels et dans quelques fermes des départements limitrophes de la Belgique et de l'Allemagne; on y associe assez généralement la pomme de terre dans des fermes, et les riz dans quelques localités voisines des ports du Nord, où l'on peut s'en procurer assez souvent des cargaisons avariées.

Légalement interdite de 1855 à 1858, cette industrie avait été réautorisée depuis environ deux ans. Elle est aujourd'hui à peu près impossible à cause de la cherté des céréales, sauf dans quelques positions exceptionnelles, et pour les genièvres du Nord, qui entrent directement dans la consommation, à des prix plus élevés que le cours légal de l'alcool.

Le prix de revient moyen de l'alcool de grains peut s'établir ainsi qu'il suit :

On compte généralement qu'il faut, pour obtenir un hectolitre d'alcool à 90°, 280 kilog. de seigle ou d'orge, et 60 kilog. d'orge maltée.

Les frais de fabrication, rectification, fût, frais généraux et amortissement, se comptent à 30 fr. par hectolitre au minimum, et la valeur du résidu à 5 fr. par 100 kilog. de grains distillés, soit, pour 340 kilog., 17 fr. par hectolitre d'alcool obtenu.

Appliquant ces bases à un prix moyen des grains, 18 fr. les 100 kilog., on trouve :

280 kilog. grains à 18 fr. les 100 kilog....	50 fr. 40 c.
60 — orge maltée à 25 fr............	15 »
Frais comme ci-dessus..................	30 »
	95 fr. 40 c.
A déduire, valeur du résidu........	17 »
Prix de revient de l'hect. d'alcool à 90°.	78 fr. 40 c.

Aux cours actuels, il faudrait compter au moins 50 fr. de plus.

M. de Wilde, distillateur belge très-expérimenté, estime le rendement un peu moins fort.

D'après le compte de fabrication publié par lui, 100 kilog. seigle de première qualité produisent 50 litres d'alcool à 50°, ce qui nécessiterait 400 kilog. pour un hectolitre d'alcool, au lieu de 540 kilog.

La Société centrale d'agriculture de Belgique (expériences de 1856) estime que 1,500 kilog. de seigle fournissent 825 litres d'alcool à 50°. C'est 564 kilog. par hectolitre, au lieu de 540.

Voici, d'après M. Lacambre (p. 550, édit. de 1856), le prix de revient de l'alcool de genièvre à 50°, dans une importante distillerie belge, en 1851 :

Une cuve de 240 kil., matière farineuse à 15 fr. les 100 kil. 36 fr.
Produit, avec une dépense en combustible, main-d'œuvre
  et frais généraux.................................... 10

                                        TOTAL...... 46 fr.

134 litres de genièvre à 50° ressortant à 55 c. le litre, soit 70 fr. l'hectolitre à 100° non rectifié. Ajoutant, pour rectification et fût, 16 fr. par hectolitre, on trouve, pour le prix de l'hectolitre à 100° rectifié, 86 fr.

Dans ce compte ne figure pas la valeur du résidu ; mais, comme le prix de 15 fr. pour 100 kilog. de matières farineuses est inférieur au prix moyen de 5 à 4 fr., on voit que le prix de l'hectolitre d'alcool est au moins égal à celui de 87 fr. 40 c. indiqué ci-dessus.

Le côté faible de cette opération, c'est son caractère peu agricole, malgré sa pratique si répandue dans l'Europe du Nord, et son infériorité, sous ce rapport, comparativement à la distillation de la betterave.

On ne peut mieux s'en convaincre qu'en lisant avec attention une brochure écrite dans le but de prouver le contraire, ouvrage aussi intéressant qu'instructif, publié en 1860 par M. Roland, de la Rochefoucauld (Charente), l'un des distillateurs de grains placé dans les conditions les plus favorables et exerçant cette industrie avec une habileté incontestable.

M. Roland pose en fait, d'après sa propre expérience,

« Qu'une distillerie de grains produisant 20 hecto-
« litres d'alcool par jour travaillerait en trois cents
« jours 1,920,000 kilog. de grains, maïs, seigle ou
« orge, et, par l'emploi du résidu qui, par hectolitre
« d'alcool produit, fournit la ration de 20 bœufs,
« pourrait livrer, chaque année, à la boucherie,
« 1,200 têtes de gros bétail;

« Qu'en évaluant, d'après Mathieu de Dombasle, la
« quantité d'engrais produite par ces animaux tenus
« en état de stabulation permanente, on trouve
« 7,320 mètres cubes de fumier solide, ou, à raison
« de 60 mètres cubes par hectare, une fumure suffi-
« sante pour 122 hectares, mais que, de plus, le purin
« recueilli dans les étables suffirait pour fumer une
« égale quantité de terre, soit en tout 244 hectares. »

M. Roland se croit fondé à tirer de ces chiffres la conclusion

« Que la distillation des grains est appelée à rendre « à l'agriculture française les plus grands services. »

Nous croyons que c'est la conclusion contraire qu'il faut en tirer.

Nous admettons, avec M. Roland, que 224 hectares seront complétement fumés avec le résidu de la distillation de 1,920,000 kilog. de grains, bien que la moitié de cette fumure consiste en engrais liquide ou purin, et tout cultivateur tiendra compte de la difficulté d'employer une telle quantité de cette espèce d'engrais.

Nous admettrons également un rendement moyen de ces 244 hectares à 2,400 kilog. de seigle ou orge, ou 585,600 kilog. pour la totalité, bien que la Société centrale d'agriculture de Belgique, dans les expériences dont nous parlerons tout à l'heure, et qui jettent un grand jour sur cette question, n'ait admis qu'un rendement inférieur, 1,500 kilog. de seigle par hectare.

Mais cette quantité de 585,600 kilog. de grains, produit de 244 hectares, n'est que le tiers de celle employée par M. Roland, quantité qui est de 1,920,000 kilog. Donc le travail recommandé par M. Roland comme essentiellement agricole ne produit d'engrais que la quantité nécessaire *pour fumer le tiers des terres dont il a employé la récolte!*

Si l'on oppose à ces résultats ceux de la culture de la betterave à distiller par les procédés Champonnois, tels qu'ils sont pratiqués, depuis cinq ou six années, dans plusieurs centaines de grandes et moyennes fermes dans les départements qui entourent Paris, voici ce qu'on trouvera :

100 hectares cultivés en betteraves produiront, en moyenne, 35,000 kilog., soit 3,500,000 kilog. produisant 2,500,000 kilog. de pulpes.

Cette pulpe, à raison de 50 kilog. par tête de gros bétail, fournira 50,000 rations, ou, pendant 100 jours, durée moyenne d'un engrais, la nourriture de 500 têtes de gros bétail.

Le fumier produit par ces 500 bœufs, calculé sur les mêmes bases qu'a posées M. Roland, sera de 3,040 mètres cubes d'engrais solide et autant d'engrais liquide, ce qui représente *la fumure complète de 101 hectares, quantité de terre égale à celle qui a produit les betteraves.*

Ces chiffres sont confirmés, avec une remarquable conformité, par la discussion dans le sein de la Société centrale d'agriculture de Belgique, dont nous avons donné plus haut des extraits. La pétition adressée à cette occasion à la Chambre des représentants de Belgique par cette Société contient, en effet, les lignes suivantes :

« En résumé,
« Les distillateurs de grains peuvent engraisser, « moyennement, *une tête* de bétail par chaque hectare « de grains consacré à la distillation.
« Les distillateurs de betteraves, par le système des

« râpes et presses, peuvent engraisser *une tête et*
« *demie* par hectare.

« Les distillateurs agricoles de betteraves, par le
« système Champonnois, peuvent engraisser *trois têtes*
« par hectare.

« Eh bien! ce sont les établissements qui rendent
« de si grands services à la nation tout entière que
« le projet de loi menace, tous dans leurs intérêts et
« quelques-uns dans leur existence même, car, par
« une anomalie qui n'est pas sans précédent dans
« notre régime fiscal, ce sont *les distilleries les plus*
« *agricoles, celles du système Champonnois, qui ont*
« *toujours été le plus fortement grevées.* »

Enfin une nouvelle preuve de l'insuffisance de la
distillation des grains pour assurer la prospérité de
l'agriculture ressort de la réponse de la Société d'a-
griculture de Valenciennes; aux questions posées par
la commission d'enquête de l'assemblée nationale, on
lit ces mots :

« Le point de départ de nos progrès agricoles a été
« la culture des betteraves; c'est elle qui a créé notre
« situation, *qui l'aurait faite malgré nous-mêmes;*
« c'est elle qui nous a forcés à doubler notre bétail,
« à l'améliorer, à l'engraisser; c'est elle qui nous a
« appris à cultiver,

« De 1822 à 1832, l'agriculture du Nord était en
« décadence; de 1832 à 1849, il y a eu une progres-
« sion marquée, *à cause de la culture de la betterave.*
« La masse de nos engrais a doublé depuis cette
« époque; la production des céréales a également

« doublé depuis vingt ans..... Nous devons à la pulpe
« de betteraves le moyen d'entretenir, à peu de frais,
« un plus grand nombre de bestiaux, etc. »

Or, à cette époque, de 1822 à 1852, il n'existait
dans le Nord d'autre industrie agricole que la distillation des grains, qui y était très-répandue.

En résumé, on peut conclure, de tous les documents
qui précèdent, que le prix de revient des alcools de
grains est d'environ 80 fr. l'hectolitre à 90°, lorsque
la matière première (les farineux) est, à son prix
moyen, de 18 fr. les 100 kilog., et qu'au-dessous de ce
cours de l'alcool la fabrication, même accidentelle-
ment favorisée par le bas prix des grains, verrait encore diminuer sa faible importance ordinaire.

Distillation des pommes de terre.

Cette industrie est généralement pratiquée dans tout
le continent nord de l'Europe; il n'existe pas, en Allemagne, une ferme de quelque importance qui n'ait
son alambic, la distillation y étant reconnue comme la
condition indispensable de l'engraissement du bétail
et la base de tous les progrès. Aussi le nombre de ces
distilleries n'est-il pas moindre de 6,000 en Prusse
et de 9,000 dans le reste de l'Allemagne.

Les éléments de ce travail sont décrits, avec autant
de soin que d'attention, dans tous les traités sur ces
matières, notamment dans ceux de MM. Payen et Lacambre. Mais, quant à ses bases économiques et à ses
résultats agricoles, nous les trouvons très-bien exposés

et développés dans un des derniers numéros du *Journal d'agriculture pratique* (5 septembre 1861) par un agronome distingué du département du Bas-Rhin, M. le comte de Leusse.

S'inspirant des pratiques de nos voisins et les améliorant par l'emploi des instruments les plus nouveaux et les plus appréciés pour obtenir de bons résultats, M. de Leusse a installé ce travail dans son exploitation, et il met ses résultats sous les yeux du public.

La description de l'établissement, complétée par des gravures, prouve les soins et l'intelligence qui ont présidé à cette installation, à laquelle il ne manque rien pour produire tout ce dont l'opération est susceptible.

M. de Leusse opère sur neuf dixièmes de pommes de terre et un dixième seigle et orge maltée, et il donne de son prix de revient un compte sommaire, auquel nous ajoutons seulement ce qu'il a négligé, les frais généraux, usure et entretien de l'outillage, intérêt et amortissement du capital dépensé, frais de rectification, de fûts et de vente, etc.

Nous faisons entrer aussi en recette et dépense, dans ce compte, le résidu alimentaire dont M. de Leusse indique l'emploi, sans y mettre de chiffres, car c'est là un élément indispensable du résultat final.

1,400 kilog. pommes de terre à 5 fr.	70 fr.	» c.
80 — seigle à 20 fr.	16	»
40 — orge maltée.	14	»
250 — houille à 3 fr. 20 c.	8	»
Huile, levûre.	2	25
A reporter.	110	25

	Report.	110 fr.	25 c.
3 ouvriers, 1 distillateur, 1 chauffeur, 1 manœuvre..............................		5	75
Frais généraux, impôts, entretien et réparations, intérêt et amortissement.........		20	»
Frais de rectification et de fût, 16 fr. par hect. à 100°.........................		25	60
1,200 kilog. foin, à 50 fr. les 1,000 kilog....		60	»

221 fr. 60 c.

A déduire, valeur du résidu employé à la nourriture de 70 têtes de gros bétail, ou l'équivalent, à 1 fr. par tête...... 70 fr.

Plus, pour le 7ᵉ jour, où l'usine chôme................... 10 } 80 »

TOTAL de la dépense d'une journée..... 141 fr. 60 c.

produisant 320 litres d'alcool à 50°, soit 160 litres à 100, ce qui fait ressortir l'hectolitre à 88 fr. 50 c.

Distillation des mélasses.

Elle produit annuellement 100 à 120,000 hectolitres d'alcool.

Son prix de revient se règle sur le cours de la matière première, qui n'a pas, en France, d'autre emploi industriel ; il entre aussi en France quelques mélasses étrangères destinées à être distillées : c'est le prix de l'alcool qui fixe celui des uns et des autres sur les bases suivantes :

L'alcool étant à 100 fr., la mélasse à 40° vaut 19 à 20 fr. les 100 kil.

—	90	—	16 à 17	—
—	80	—	14 à 15	—
—	70	—	12 à 13	—
—	60	—	10 à 11	—
—	50	—	7 à 8	—

A ce dernier prix, le fabricant de sucre en trouve difficilement la vente aux distilleries, qui auraient à supporter les frais de fût et de transport. Son emploi, dans ce cas, devient beaucoup plus avantageux pour la consommation par le bétail, en mélange avec des fourrages de toute nature, qu'elle améliore et fait consommer utilement, en laissant dans le sol une valeur importante en sels et potasses contenus dans la mélasse.

Comme le cours de 60 francs, pour l'alcool, est rare et ne saurait être durable, on peut considérer la quantité ci-dessus comme devant entrer régulièrement dans la consommation, et plutôt susceptible de diminution que d'accroissement, car si, d'un côté, la fabrication du sucre indigène tend à augmenter, d'autre part tous les efforts du fabricant et les progrès de cette industrie ont pour but de réduire la proportion de mélasse et d'accroître celle du sucre.

De tout ce qui précède il faut conclure que, jusqu'au cours de 70 francs pour l'alcool, toutes les mélasses sont distillées; que, à partir de ce prix jusqu'à celui de 60 francs, cette fabrication diminuerait, pour cesser entièrement au-dessous de 60 francs, la matière première ne trouvant plus un prix suffisant.

Distillation des betteraves comme annexe de sucrerie, ou dans des établissements spéciaux, par le travail des râpes et presses.

Le prix élevé des alcools, en 1853 et 1854, ayant rendu la distillerie des betteraves beaucoup plus avantageuse que leur conversion en sucre, un certain nombre de fabricants ajoutèrent à leur matériel de sucrerie ou de distillerie de mélasse le complément

d'outillage nécessaire pour distiller les jus de betteraves exprimés par les râpes et presses.

Cette opération se continua sur une vaste échelle
jusqu'en 1857 et 1858, et avec des succès divers,
malgré les cours excessifs des alcools pendant cette
période ; mais la crise qui se déclara vers la fin de 1858
fit fermer le plus grand nombre de ces établissements.
Ceux qui ont résisté, et quelques nouveaux ouverts
depuis, forment un effectif de 60 à 80 distilleries,
ayant travaillé dans les deux dernières campagnes :
leur produit en alcools a varié entre 150 à 200,000 hectolitres, et on peut présumer qu'il se maintiendra
dans ces limites tant que les cours des trois-six se soutiendront de 90 à 100 francs. Au-dessous de ces
cours, ce travail deviendra onéreux, car on est bien
d'accord que son prix de revient n'est pas, dans les
conditions les plus favorables, inférieur à 72 ou
75 francs, et qu'en moyenne il varie, selon les circonstances et les positions, entre 75 et 85 francs. Un
cours normal, pendant plusieurs années, de 75 à
80 fr. le ferait donc complétement disparaître (1).

Macération à l'eau.

Ce travail a aussi été appliqué dans quelques usines,
soit faisant déjà du sucre, soit spéciales. On espérait y
trouver une économie d'outillage et de main-d'œuvre,

(1) Ces prévisions viennent se réaliser : le cours de l'alcool à
75 et 72 fr., en novembre 1861, a fait cesser la distillation des
betteraves dans la plupart des distilleries annexes de sucreries,
qui sont revenues à la fabrication du sucre.

et un rendement meilleur. Le premier point a été obtenu, mais aucun autre avantage n'est venu s'y joindre. La dépense de combustible a été très-grande pour chauffer l'eau et maintenir la macération à une haute température. La lenteur de la macération, par suite du peu d'énergie de l'eau, même acidulée, qui a pour conséquence un épuisement imparfait, et le développement de certaines altérations dans les jus, rapprochent ce mode de travail de celui des râpes et presses, quant aux frais de fabrication et au rendement.

Il lui est même inférieur pour les résidus, comme matière alimentaire. Car, si la pulpe des râpes et presses n'est que de 20 pour 100 du poids de la betterave contre 80 pour 100 de la macération à l'eau, au moins la première a-t-elle une valeur qui lui permet de supporter des frais de transport et lui assure un emploi utile, tandis que les résidus de la macération à l'eau sont sans aucune valeur alimentaire; ils ont perdu, par le lavage, toutes les matières solubles qui constituent cette valeur, et ne retiennent, avec la fibre, que de l'eau, qui la réduit à n'être qu'une matière encombrante et sans utilité. (Voir notamment les expériences de M. Meurein, de Lille, en 1856.)

Le prix coûtant de l'alcool, par ce travail, peut donc être considéré comme identique à celui des râpes et presses, soit au moins 80 fr. l'hectolitre.

Distillation agricole des betteraves.

Tout a été dit sur les bases générales de ce travail, et nous n'avons à nous occuper ici que des quantités qu'il peut fournir à la consommation et du prix de revient moyen de ses produits.

Environ 350 distilleries agricoles fonctionneront cette campagne (1).

Leur outillage comporte un travail de 4 à 500 millions de kilog. Mais un certain nombre de cultivateurs ne travaillent que le jour (12 ou 14 heures); d'autres n'ont, surtout dans les contrées où la culture de la betterave est encore une exception, qu'une quan-

(1) Ces établissements sont ainsi répartis :

Département de Seine-et-Marne	57
— de Seine-et-Oise	43
— de l'Aisne	38
— de l'Oise	27
— du Nord	17
— du Pas-de-Calais	10
— de la Somme	10
— de la Côte-d'Or	9
— de la Seine-Inférieure	9
— de la Meurthe	8
— du Cher	8
— de l'Yonne	8
37 départements divers	96
Étranger	19
TOTAL	359

On peut suivre par ce tableau la progression de cette industrie, qui, des départements voisins de Paris, où elle a pris naissance, s'étend de proche en proche par la seule influence de l'exemple. Les départements du nord, où les avantages de la culture de la betterave sont si bien appréciés, commencent à subir cette influence, et c'est dans les parties de ces départements, plus ou moins éloignées des fabriques de sucre, que la progression a été, proportionnellement, la plus grande, depuis quelques années.

tité de betteraves très-inférieure à celle qu'ils pour-raient utiliser, circonstance qui, par diverses causes, températures, localités, etc., se reproduit à peu près chaque année. Nous estimons donc que la distillation ne dépassera pas, cette année, 350 à 400 millions de kilog. pouvant produire environ 180,000 hectolitres d'alcool pur, soit à peu près la sixième partie de la consommation actuelle de la France.

Quant au prix de revient, pour l'établir le plus près possible de la moyenne réelle, nous recourrons aux divers comptes de fabrication rendus publics depuis quelques années :

Moniteur des comices, février 1859. — M. RABOURDIN, *à Villa-coublay (Seine-et-Oise).*

Compte du travail journalier de 24 heures :

	fr.	c.
10,800 kilog. betteraves à 16 fr..................	172	80
1 contre-maître distillateur......................	5	»
1 distillateur en second..........................	3	»
4 ouvriers à 2 fr. 50 c...........................	10	»
2 — à 2 fr.,.....................	4	»
4 chevaux employés au manége à 3 fr...........	12	»
400 kilog. charbon à 4 fr........................	16	»
Acide sulfurique et levûre.......................	9	»
Éclairage et graissage...........................	3	»
Entretien du matériel, intérêts et amortissements..	32	»
	266	80
A déduire, pulpe, 72 pour 100, 7,775 kil. à 10 fr.	77	75
	189	05

Produit 594 litres d'alcool pur (5 fr. 50 c. p. 100),
   soit pour prix coûtant de l'hectol. 31 fr. 90 c. }
Et en ajoutant pour frais de rectification 17   » }   48 90

Journal la Culture, 1ᵉʳ *octobre* 1860. — M. CHERTEMPS, *à Rouvray, commune de Mormant (Seine-et-Marne).*

Travail journalier..... 16,000 kilog.
Produit alcool........ 4,75 pour 100.

Dépenses.

	Dép. totales. fr.	Dép. par 1,000 kil. fr. c.
Combustible...................	4,400	1 38
Main-d'œuvre.	5,400	1 68
Dépenses diverses............	5,600	1 75
Intérêts et amortissement......	3,750	1 17
Dépenses de fabrication.....	19,150	5 98
Betteraves, 3,200,000 kil. à 16 fr.	51,200	
Frais de rectification de 1,500 hect. d'alcool à 17 fr..............	25,500	
TOTAL des dépenses....	95,850	

Produits.

70 pour 100 de pulpe, 2,240,000 kilog. à 8 fr........ 17,920 fr.
1,500 hectol. d'alcool à 51 fr. 95 c., prix coûtant.. 77,930
                                                        ─────────
                                                        95,850 fr.

M. PETIT, *à Champagne, par Juvisy (Seine-et-Oise).*

Travail journalier...... 11,000 kilog.
Produit alcool......... 4 pour 100.

Dépenses.

	Dép. totales. fr.	Dép. par 1,000 kilog. fr. c.
Combustible...................	1,800	0 82
Main-d'œuvre................	3,200	1 45
Dépenses diverses............	3,800	1 75
Intérêts et amortissement......	3,000	1 36
A reporter.	11,800	5 38

	Report.	11,800	5 38
Betteraves, 2,200,000 kil. à 16 fr.		35,200	
Frais de rectification de 880 hect. à 17 fr.....................		14,960	
TOTAL des dépenses....		61,960	

Produits.

70 pour 100 pulpe, 1,540,000 kilog. à 8 fr.........	12,320 fr.
880 hect. d'alcool à 56 fr. 40 c., prix coûtant.......	49,640
	61,960

Journal d'agriculture pratique, 1er octobre 1860. — M. REISET, à Écorchebœuf (Seine-Inférieure).

Travail journalier......	6,000 kilog.
Produit alcool........	3,75 pour 100 (1).

Dépenses.

	Dép. totales.		Dép. par 1,000 kilog.	
	fr.	c.	fr.	c.
Combustible...................	1,390	»	1	72
Main-d'œuvre.	1,860	»	2	31
Dépenses diverses............	1,632	80	2	02
Intérêts et amortissement.......	2,149	20	2	65
Dépenses de fabrication.....	7,032	»	8	70
Betteraves, 808,000 kilog. à 16 fr.	12,928	»		
Frais de rectification de 303 hect. à 17 fr.....................	5,151	»		
TOTAL des dépenses....	25,111	»		

Produits.

588,000 kilog. pulpe à 8 fr.....................	4,704 fr.
302 hectol. d'alcool à 67 fr. 30 c., prix coûtant.....	20,407
	25,111 fr.

(1) Le rendement chez M. Reiset est, en novembre 1861, de 5 fr. 40 c. pour 100.

M. J. F. CAIL, *à la Briche (Indre-et-Loire).*

Travail journalier..... 14,000 kilog. avec rectification.
Produit alcool........ 3,95 pour 100.

Dépenses.

	Dép. totales. fr.	Dép. par 1,000 kilog. fr. c.
Combustible....................	5,560	2 02
Main-d'œuvre.................	3,250	1 16
Dépenses diverses..............	4,310	1 54
Fûts et transports.............	5,360	2 40
Intérêts et amortissement......	6,000	2 14
	24,480	9 26
Betteraves, 2,800,000 kil. à 16 fr.	44,800	
TOTAL des dépenses....	69,280	

Produits.

70 pour 100 pulpe, 1,960,000 kilog. à 8 fr. (1)....... 15,680 fr.
1,100 hectol. d'alcool à 48 fr. 75 c., prix coûtant... 53,600

69,280 fr.

(1) Ces différents comptes de prix de fabrication portent la pulpe de 8 à 10 fr. les 1,000 kilog.

Ce prix peut être considéré comme vénal, pris à l'usine et comportant des frais de manutention et de transport, sans cesser d'être à la portée du consommateur.

On lit, en effet, dans le rapport de M. de Kergorlay, sur l'exercice 1855-1856 de la ferme impériale de Grignon, le passage suivant, au sujet de la pulpe produite par la distillerie agricole de Grignon :

« La distillerie a été créditée des pulpes, au prix de 16 fr. les « 1,000 kilog. Nous savons que ce prix est supérieur à celui ordi- « naire de la vente de ces pulpes ; mais, comme elles sont con-

9

Mêmes journaux. — Prix de fabrication publiés sans détails.

	fr.	c.
M. Muret-Darblay, à Noyen (Seine-et-Marne)..	51	07
M. Dargent, à Gerpónville (Seine-Inférieure.).	58	88
M. J. Cail, ferme des Plans, près Ruffec (Charente).................................	38	18
MM. Frère et Tancrede, à Nohan (Cher)......	55	44
M. Hette, à Bresles (Oise)..................	50	»

Réunis à ceux détaillés plus haut :

M. Rabourdin.............................	48	90
M. Chertemps.............................	51	95
M. Petit.................................	56	40
M. Reiset................................	67	30
M. Cail, ferme de la Briche..............	48	75
TOTAL pour les dix établissements......	526	87

Soit en moyenne 52 fr. 68 c.

On peut considérer ce prix de 52 fr. 68 c. comme représentant assez bien le résultat du travail des distilleries agricoles pendant les deux ou trois dernières années.

Il indique un progrès assez marqué et facile à comprendre, sur celui des premières années d'application. En effet, on trouve, dans le rapport à la Société impériale d'agriculture fait en 1856, le prix moyen ré-

« sommées sur place, sans aucun transport, nous pensons qu'il y « a encore profit pour les animaux. »

M. Vaury, de Lieusaint, l'un des cultivateurs qui alimentent la distillerie de M. Alfroy Duguet, a déclaré que les 900,000 kilog. de pulpe qu'il a consommée dans la campagne de 1858-1859, lui ont produit un bénéfice net d'engraissement de 18,800 fr. soit 22 fr. par 1,000 kilog.

sultant de l'enquête faite par cette Société dans seize établissements, prix qui est de 35 fr. 97 c. pour l'hectolitre de flegmes à 100°, à quoi il faut ajouter pour la rectification 17 fr., total 52 fr. 97 c., prix de l'hectolitre d'alcool pur jusqu'en 1855.

Mais dans ce dernier compte on a fait entrer tous les frais de fabrication, ceux d'entretien et de réparations de l'outillage, en omettant de tenir compte des intérêts du capital employé et de son amortissement.

Ce dernier article figure, dans les cinq comptes détaillés plus haut,

Pour 4 fr. » par hectol. fabriqué chez M. Rabourdin,
— 2 50 — — chez M. Chertemps,
— 3 40 — — chez M. Petit,
— 7 » — — chez M. Reiset,
— 5 45 — — chez M. Cail, à la Briche,

22 fr. 35 pour 5 établissements; soit 4,45 pour chacun, en moyenne.

On peut donc dire qu'il y a eu, dans les cinq dernières années, un progrès, une économie de 4 fr. 45 par hectolitre d'alcool, représentant l'intérêt et l'amortissement du capital, qui ne figuraient pas dans les premiers comptes.

Ce progrès se comprend facilement par une pratique intelligente et plus répandue des diverses opérations, et aussi par les perfectionnements apportés dans les divers appareils, qui, tout en assurant plus d'exactitude dans le travail, en ont simplifié et mis la conduite à la portée des ouvriers ordinaires de la ferme (1).

RÉSUMÉ DES QUANTITÉS PRODUITES ET DES PRIX DE REVIENT.

	Nombre d'hectol.	Prix de revient de l'hectol.
Eau-de-vie de vie de vin de toute sorte....	150,000	Mémoire.
— de marcs, cidres et fruits....	40,000	»
Rhums, tafias........................	25,000	»
Alcool de mélasses....................	120,000	»
— de vin, 3/6 Montpellier...........	30,000	84 fr. »
— de grains, pommes de terre........	40,000	80 »
— de betteraves, par les râpes et tous autres systèmes..............	150,000	75 »
Distillerie agricole, macération à la vinasse.	180,000	52 fr. 68.

735,000 hect.

(1) S'inspirant constamment des conditions utiles à remplir pour la bonne exécution du travail, comme pour sa praticabilité dans les ressources ordinaires de la ferme, M. Champonnois a modifié presque tout l'outillage,

1° En remplaçant dans les appareils, par le fer et la fonte, et pour toutes les parties qui en étaient susceptibles, le cuivre, dont la durée ordinaire n'est que de quatre à cinq années, il a pu en réduire le prix, tout en leur assurant un plus long service ;

2° En en facilitant la conduite, et assurant un meilleur épuisement des vins, par de nouvelles dispositions des divers organes ;

3° En réduisant d'un tiers la dépense du combustible, par une pièce additionnelle qu'il nomme *réchauffoir*, de même que par la nouvelle forme de la chaudière ;

Enfin, par son nouveau coupe-racine à tambour fixe, qui évite les inconvénients qu'on reprochait aux tembours tournants, usure rapide et chances de rupture par l'introduction accidentelle de corps durs, pierres, fers, etc., il suffit à toutes les quan-

Ce tableau, dont le total ne dépasse guère les sept dixièmes de la consommation actuelle des spiritueux en France, que nous avons vue ci-dessus être de 1 million d'hectolitres, montre avec évidence que des cours supérieurs à 80 fr. sont indispensables à la prospérité et même à l'existence de toutes les branches de cette production, sauf une seule, *la distillerie agricole.*

Il est donc clair que le développement successif de cette dernière est la conséquence nécessaire d'un abaissement de prix, qui lui assurera la plus forte part dans la consommation, où elle n'entre encore que pour une proportion assez faible, environ un sixième ou 18 pour 100.

IMPORTATION D'ALCOOLS ÉTRANGERS.

L'énumération des sources de production d'alcool en France, telles qu'elles existent dans ce moment, sans qu'aucune d'elles paraisse susceptible de prendre un accroissement instantané, démontre que la consommation du pays n'est pas complétement assurée, et qu'il y a place pour une importation plus ou moins forte d'alcools étrangers. Ce fait n'est, du reste, pas

tités de travail, en ne dépensant qu'une force proportionnelle à son débit, et remplit la principale condition d'une bonne macération ; la division régulière en rubans, quelle que soit la grosseur ou la forme des racines, qui ne peuvent se déplacer ou rouler sous l'action des couteaux.

nouveau ; les alcools étrangers sont connus sur nos marchés depuis plusieurs années, sans que pour cela il se soit trouvé, dans nos magasins et entrepôts, des stoks de quelque importance, au moment où cesse la distillation des betteraves, et où celle des autres matières diminue sensiblement.

Nous sommes donc conduits à examiner dans quelles conditions de production se trouvent placées les contrées appelées à nous fournir ce supplément de spiritueux, et qui sont l'Angleterre, la Belgique, l'Allemagne et l'Amérique du Nord.

L'Angleterre est en première ligne par sa proximité, par la qualité de sa fabrication, enfin par la réduction à 15 fr. par hectolitre d'alcool pur, du droit d'entrée, réduction dont elle jouit seule encore. La Belgique paye 20 fr., tous les autres pays 50 fr.

Nos ports et nos départements du littoral tirent d'Angleterre et d'Écosse des rhums et tafias, des alcools de grains ou de mélasses de l'Inde.

Aux prix actuels des céréales qu'on subit, comme nous, de l'autre côté de la Manche, on ne peut y produire de 5/6 de grains au-dessous de 90 fr., ni par conséquent, nous en envoyer à des cours moindres, en France, de 100 à 105 fr.

Il est probable que les envois limités qui, depuis quelques mois, nous arrivent principalement d'Écosse viennent du travail des mélasses tirées de l'Inde, quand les cours des alcools étaient meilleurs, et qu'on écoule aujourd'hui avec peu ou point de bénéfice.

Mais l'importation de cette matière, aussi bien en Angleterre qu'en France, dépend surtout des frais de transport, toujours très-élevés, relativement à sa valeur propre.

Si le prix net de 70 fr. l'hectolitre d'alcool à Glascow, représentant celui de 90 à 95 fr. en France, permet encore ce travail, il est probable qu'à 10 fr. audessous il ne serait plus possible, puisque l'on a vu qu'en France le prix de 60 fr. ne donne à la mélasse qu'une valeur de 10 fr. les 100 kilog., valeur bien peu élevée pour des matières venues de l'Inde ou de l'Amérique.

Le mouvement des spiritueux dans les trois royaumes a été l'objet de publications officielles récentes. Il a été fabriqué, en Angleterre, en 1860, 719,040 hectol. alcool pur ou 1,284,000 hectol. à 56 preuve anglaise.

Cette production est ainsi répartie :

> 347,200 hectol. pour l'Écosse,
> 203,840 — pour l'Angleterre,
> 168,000 — pour l'Irlande.

TOTAL égal. 719,040 hectol.

La consommation intérieure a été, pendant la même période, de.................................... 542,640 hectol.
L'exportation, de.......................... 60,480 —

TOTAL.... 603,120 hectol.

Le droit de consommation est de 275 fr. par hectolitre à 56°, soit 490 fr. par hectolitre d'alcool pur.

La Belgique se trouve dans des conditions de production assez analogues à celles de l'Angleterre, et l'on a vu, par les discussions à la Société centrale d'agriculture, dont nous avons cité des extraits, contre quelles difficultés elle a en ce moment à lutter.

Les 3/6 qu'elle pourrait nous envoyer sont principalement ceux obtenus dans les fermes, et la loi récente sur la suppression des octrois communaux a eu pour conséquence une aggravation d'environ 10 fr. par hectolitre à 90° dans la taxe, qui ne peut être remboursée à la sortie. Le droit d'entrée en France est de 5 fr. plus élevé que celui du 3/6 anglais, et, sauf pour quelques localités limitrophes entre le sud de la Belgique et notre département du Nord, les frais de transport seraient plus élevés que pour l'Angleterre.

Une importation un peu forte de ce côté exigerait donc des cours plus élevés que ceux actuels.

L'Allemagne dispose d'un excédant de 3/6 de grains et de pommes de terre qu'elle pourrait nous envoyer, dans la supposition que le traité de commerce actuellement en négociation fera jouir le Zollverein d'un abaissement du droit de 30 fr.

Mais les cours actuels de Berlin, qui sont de 70 fr. l'hectolitre d'esprit *brut et sans fût à* 80°, ne permettent guère aux alcools allemands de soutenir, sur nos marchés, la concurrence des produits anglais, qui leur sont supérieurs en qualité. Car, si l'on ajoute au prix ci-dessus les frais de transport, de fûts et de rectification, il serait impossible de livrer ces produits en

France, même aux cours de 95 à 100 fr., supposât-on
le droit d'entrée réduit à 15 ou 20 fr.

La récolte insuffisante des pommes de terre et la
cherté relative des grains entrent, sans doute, pour
beaucoup dans le taux actuel des marchés allemands.
Mais l'imperfection des moyens de fabrication, de-
meurés, dans la plupart des fermes, à peu près pri-
mitifs, contribue aussi à cette élévation, qui ne paraît
pas laisser au cultivateur un grand bénéfice en dehors
de celui qu'il a principalement en vue, la nourriture
de son bétail et la production économique des engrais
dont il a besoin. Aussi cette production, qui, en 1855,
s'élevait, en Prusse, à environ 1,500,000 hectolitres
fabriqués dans 5,800 distilleries, et dont 1,300,000
consommés dans le pays et 200,000 exportés, loin
d'augmenter depuis cette époque, a-t-elle, au contraire, diminué.

RÉSUMÉ.

La conclusion de tous les documents qui précèdent
est facile à déduire.

La culture des plantes sarclées, et principalement
de la betterave, est la base de toute agriculture amé-
liorée et progressive.

C'est par les racines, considérées comme culture
fourragère, qu'on obtient la plus grande somme de
nourriture et, par conséquent, d'engrais, et c'est
aussi par elles, à cause des façons répétées qu'elles

exigent, que s'accroît le plus rapidement la fécondité du sol pour toutes les autres récoltes.

C'est par cette culture que nous avons vu s'enrichir les départements du nord, et que l'Angleterre a obtenu l'augmentation de tous les produits de son sol et du nombre comme de la qualité de son bétail.

Mais la plante sarclée, quelle qu'elle soit, donnée en nature au bétail, est toujours une nourriture chère, et par la dépense de sa culture et par les manipulations obligées, lavage, découpage, cuisson, etc., d'où la nécessité d'en tirer un produit accessoire, qui couvre la plus forte part de ces frais, et allége d'autant le prix des résidus qui restent à la ferme pour la nourriture du bétail.

C'est ainsi que se sont créées ces industries annexes qui ont fait la prospérité de tous les agriculteurs qui les ont adoptées.

En dehors de l'Angleterre, qui fait exception à cette règle par la facilité que lui donne son climat de faire consommer sur place et sans frais, pendant l'hiver, ses fortes récoltes de turneps, les contrées du nord de l'Europe entière, de même que la France, ne trouvent que dans la sucrerie et les distilleries l'emploi rémunérateur des betteraves, par la nourriture abondante et économique fournie par les résidus.

Mais la sucrerie, soumise aux exigences croissantes d'un outillage coûteux, ne peut s'établir partout; elle a besoin, pour prospérer, d'opérer sur de grandes masses et, par conséquent, de trouver, dans un rayon rapproché, la quantité de terres propres à la betterave qu'exige son approvisionnement.

La distillerie, au contraire, se contente d'un outil-lage simple, du personnel d'ouvriers ordinaires de la ferme; elle peut vivre et prospérer partout où elle trouve 15 à 20 hectares de betteraves, quantité dont peut disposer la ferme la plus ordinaire, et, au besoin, avec l'aide de quelques voisins, pour compléter son travail.

La dépense de tout l'outillage, avec les perfection-nements les plus nouveaux, droits de brevets compris, ne dépasse pas, dans les conditions ordinaires, une quinzaine de mille francs (1) pour une fabrication jour-nalière qui peut suffire à distiller 50 ou 60 hectares de betteraves, ou seulement la moitié, grâce à la fa-cilité qu'a cette fabrication de se prêter soit à un tra-vail de jour seulement, soit au travail continu de vingt-quatre heures.

Dans cet emploi, le cultivateur touche de sa bette-rave un prix plus élevé que par tout autre usage, sans frais de transport ni déplacement, si onéreux pendant l'hiver, et il conserve, sur place, une somme de nourriture trois fois plus considérable que celle retirée des sucreries.

De toutes les fabrications similaires, la distillerie agricole est celle qui produit au plus bas prix. C'est, en même temps, celle qui seconde le plus puissam-

---

(1) MM. Champonnois et comp., rue de la Jussienne, 8, à Paris, entreprennent à forfait la fourniture et la pose de tout l'outillage.

ment les progrès de l'agriculture, et comme elle n'entre encore qu'à peine pour un cinquième dans la production indigène des alcools, dont la consommation a presque doublé depuis dix ans et tend à s'accroître encore, on voit quelle marge reste au développement de la distillerie annexe de la ferme.

Il est donc évident que l'avenir lui appartient, et que, dans un temps plus ou moins prochain, elle fournira la plus grande part à l'alimentation du marché des alcools.

Sa prospérité est d'autant plus assurée que cette industrie toute rurale, non-seulement ne redoute de concurrence ni au dedans ni au dehors, mais que, par un privilége particulier, elle repose sur les deux conditions les plus favorables à un accroissement continu de l'emploi *industriel* du 3/6 : *modération et régularité des prix* (1).

(1) Le détail sommaire suivant des emplois industriels de l'alcool peut donner une idée de leur importance :

Éclairage. — Gaz liquide. — Chauffage. — Lampes. —Vernis. — Chapellerie. — Lustrage des bougies. — Éther usuel, acétique, machines à éther. — Essences, dentifrices, vinaigres de toilette, parfumeries. — Vinaigres de table. — Vinage des vins. — Quinine, morphine, cinchonine. — Amorces fulminantes. — Collodion. — Caoutchouc. — Chloroforme. — Acétates de plomb, de cuivre, de potasse, etc. — Préparations pharmaceutiques ; conservation des pièces anatomiques, des substances animales, végétales, etc. — Essais des soudes, des sucres bruts. — Thermomètres.

FIN.

TABLE DES MATIÈRES.

Paris. — Impr. de Mme veuve Bouchard-Huzard, rue de l'Éperon, 5. — 1862.